U0059963

大都會文化
METROPOLITAN CULTURE

大都會文化
METROPOLITAN CULTURE

管理的鋼盔

商戰存活與突圍的 25 個必勝錦囊

序 言

三年前的某一天，我偶然看到了美國國防部頒布的士兵作戰手冊——《美國大兵作戰手冊》，這本書一直被西點軍校奉為無上法寶。說實話，我對軍隊和有關軍隊的東西都不感興趣。但我發現這本作戰手冊不光言語幽默，而且很實用，尤其是手冊中有關上兵如何在戰場上生存下去的25條建議，我認為對市場上激烈競爭的企業來說也具有借鑑意義。

我產生這個想法後，就將內容應用在我上課的講義中，沒想到學生的反應很好。許多學校和企業請我去演講，我把這些條例的相關內容做了進一步的闡釋，內容逐漸豐富起來，便有了這本《管理的鋼盔》。我始終認為，教授管理學絕不應該是枯燥無味的！我相信你們會發現書中內容有趣且寓意頗深。比如：

你做任何事都有可能挨子彈——包括你什麼都不做。

如果你被俘，別充英雄（爭取活著回來的機會）。

如果一個蠢方法有效，那它就不是一個蠢方法。

當你的防守嚴密到敵人攻不進來時，往往你自己也打不出去。

你讀了以上的建議一定會有所啟發。其實，許多領域裡的理念在本質上都有相通之處，就看我們從哪個角度去理解它，去領會它。管理學也不例外，這也正是我所努力的方向。

目　錄

創新是企業生存的條件
——不創新，則滅亡

《美國大兵作戰手冊》第1條：

Anything you do can get you shot-including doing nothing.

你做任何事都有可能挨子彈——包括你什麼都不做。

只要上了戰場就要有挨子彈的準備，無論你做什麼事，都有可能中槍。衝鋒陷陣時你當然很可能中槍，防衛撤退時你仍然可能會中槍，不管你是普通的作戰兵、通信兵、醫護兵或炊事兵。當明白了這一點，95%的士兵都將知道在戰場上該做什麼，那就是「勇往直前」。可是有人會問：戰場上難道沒有安全的地方嗎？很不幸，沒有，除非你消滅了敵人。

遠古希臘有個女人請先知為她還不會說話的孩子預測未來。先知預言孩子將會被烏鴉所害，她非常害怕，便做了一個大箱子，把孩子藏在裡面保護起來。她對孩子說：「我不會讓烏鴉看到你，你躲在箱子裡會很安全。」她定時打開箱子，為孩子送飯菜和水。可是有一天，當她打開箱子蓋為孩子送水時，孩子頑皮的把頭伸出來，不知為何箱子蓋突然從她手中脫落，上面烏鴉嘴形的搭扣正好砸在孩子的腦門上，把孩子給砸死了。

知道自己的孩子有危險，就把他和危險隔絕開來，希臘女人的做法對嗎？也許是對的，但她忘了先知的預測是一定會發生的，所以，她倒不如讓她的孩子像別的孩子一樣正常生活，消極逃避是沒有用的。

企業經營者們將要面對的未來世界，不是一個安定、平順的世界，而是一個充滿競爭和風險的世界。這種競爭，主要是「創新」的競爭，而風險隱藏於其中。企業所進行的任何創新都是有風險的，但不創新則會使企業面臨更大的危險，因此在激烈的市場競爭中，企業不進則退。

既然創新與否都要冒風險，那我們為什麼不選擇創新呢？事實上，創新是企業保證未來利潤的唯一手段。現代企業管理階層要在複雜多變的市場經濟不平衡中尋找企業發展和獲利的機會，不能沒有創新意識。「不創新，則滅亡」，這句話日益成為現代管理者的一大呼聲。在全球化競爭環境中，企業要成功展開競爭，就必須創造出新的產品和服務，並採用最先進的技術。

或許你會想：「創新」，難道是任何人都能做到的嗎？別急，讓我們看看心理學家怎麼說。

心理學家曾對各個年齡層的人進行創造力測驗，45歲以上的人只有5%被認定富有創造力，20～45歲的人也只有5%，這個結果是不是令你沮喪，幾乎就要判定創造力是特殊人物才具有的能力，但接下來的測驗則令人鼓舞。17歲的測驗結果達到了10%，更令人驚喜的是5歲的兒童中，具有創造力的人竟然達到90%。這說明，人的創造力是與生俱來的，只是隨著年歲增長而受到抑制。我們有理由認

為，即使是在抑制狀態下，人的創造力也沒有完全喪失，而是處於隱蔽狀態，不便發揮。

所以我要告訴大家，是什麼阻礙你發揮創造力，以及你該如何去克服它：

☆**悲觀的態度**。對自己沒信心，懷疑一切都對自己不利的人，會抑制自己的創造力。

☆**壓力太大**。一個壓力過大的人難以維持客觀態度，很難找到解決問題的方法。

☆**過去失敗的陰影**。「害怕失敗」是發揮創造力時最大的障礙。

☆**墨守成規**。規定是必要的，但一切依賴規定，是難以產生創造力的。

☆**邏輯的錯誤**。邏輯在引導人們理清思路的同時，也束縛了人們的創造力。

☆**認為自己沒有創意**。人的創造力是無限的，唯一的限制來自於你所接受的知識系統、道德系統和價值系統。

下面是一些增進創造力的方法：

1.想像一些以前不敢想的瘋狂念頭。

2.讓心思在自由的天空行走。

3.問自己一些腦筋急轉彎問題。

4.如果你慣用右手，可以試著用左手做些簡單的事，即使笨拙一點也沒關係。

5.一本書讀一半，結局留給自己想。

6.如果你的身體不錯，試著練練倒立，讓血液衝擊你的大腦。

7.與朋友漫無邊際的聊天，想什麼就說什麼。

案例：永遠創新的克羅格公司

　　克羅格公司是美國大型連鎖超市之一，它的歷史可以追溯到1883年。它在美國商業發展史上扮演了重要角色，許多美國商業法規都是根據克羅格公司的發展而制定出來的。目前，克羅格公司在全美國擁有2000餘家大型超級市場，員工17萬人，年銷售額達191億美元。

　　克羅格從他經營第一家雜貨鋪開始，就將創新理念牢牢的刻在自己的心裡。早在1883年，他就在店中處處展現為顧客著想、服務殷勤的經營理念，讓顧客一走進門就有如貴族般的感受。

　　克羅格很早就曾利用降價策略來吸引顧客，他把售價定得只比成本高一些些。套句他自己的話說：「貼著骨頭的肉最香，顧客會循著味道找上門來。」他在商品價格上還有一句名言：「在降價的道路上走得越遠越好，這樣對手就搆不著你的喉嚨了。」

　　克羅格公司之所以能保持低價，其重要原因在於公司直接與生產廠商合作，省去了中間商這個環節，降低了成本，進而也降低了價格。為了減少中間商環節，克羅格建立了麵包烘焙坊，成為全美第一家自產自銷麵包的商店，並取得極大的成功。麵包烘焙坊的成功給克羅格更多的啟發，1904年克羅格買進納吉爾畜

肉銷售與加工公司，又成為美國第一家在雜貨店中經營畜肉的公司，並最早要求公司的售貨員要對顧客忠誠。

1928年，克羅格雜貨店與麵包公司已成為美國零售業中的佼佼者，成為名副其實的零售王國，此時公司名下共擁有5575家連鎖店。

在當時，人們對各種連鎖商店的出現持反對態度，不明真相的民眾認為大型連鎖商店壟斷商品價格，也擠跨了獨立的小商店，迫使消費者接受高價格的商品。而當時也確實有許多其他連鎖商店以低價購入劣質商品，再統一以高價上市銷售，特別是食品。1930年美國國內經濟陷入大蕭條，而民眾對連鎖店的不滿情緒也已上升到最高點。克羅格公司新上任的總裁阿爾伯特‧莫里爾為了消除民眾對公司食品的顧慮，便派遣專車送顧客到公司的農場和工廠參觀，最後索性成立一個對外開放的食品公司。莫里爾還籌建了克羅格食品基金會，成為全美第一家雇用專家對食品進行科學檢測的公司。同時，為改善公司壟斷價格的形象，他把價格制定權下放給各分區經理，讓他們根據當地的實際情況自行制定價格，總公司不再制定統一的價格。這樣的權力下放，更加展現各分區部門的積極性。克羅格公司南方分區經理邁克爾‧卡倫提出一個革命性的構想：興建大型的顧客自選式商場，捨棄傳

統的售貨員服務方式。這樣既可以減少售貨員數量、降低銷售成本，又可以增加顧客購物的自主性，吸引更多的顧客。其實這就是「超級市場」的概念。卡倫在新澤西州開設了全美第一家超級市場，掀起了零售業革命的浪潮，到1935年，公司已擁有50家超級商店。

　　第二次世界大戰後，克羅格公司又進行一項重大改革——顧客調查活動，新任總裁約瑟夫・霍爾認為：對公司要發展什麼商品、增加哪些服務、使用什麼銷售手法等問題，最有發言權的是顧客。為此，他在所有結帳收銀機旁安裝了顧客意見箱，意見被採納的顧客可以在商店裡終生免費享有購物減價優待。意見箱的意見反應制度深受顧客歡迎，克羅格公司就根據顧客的建議對症下藥，使公司每一項新措施和新上市的商品都迅速走紅。如1960年在商店中增設藥品櫃台，大獲成功。1962年根據顧客建議開設折扣商店，雖然商店裝修極為簡陋，幾乎沒有什麼服務人員，顧客完全像進入一家倉庫挑選商品一樣，但由於商品價格格外便宜，牢牢吸引購買力龐大的薪水階層。到1963年克羅格公司的銷售額就達到20億美元。

　　詹姆斯・赫林於1970年就任總裁後，不僅強調興建品種齊全的超級市場，也注重建立品種較集中的專賣商店，以特色商品

吸引顧客，他並要求公司的員工要竭盡所能滿足顧客的要求。克羅格公司率先在易腐爛商品的包裝上註明有效期限，推出無污染的「綠色商品」。赫林不僅重視顧客的建議，也鼓勵員工貢獻計策。1972年，一位員工覺得超市門口的收銀處工作速度太慢，建議公司採用鐵路運輸中的電眼系統。這項建議引起公司極大的重視，公司立即與美國著名電子業者RCA公司合作，當年就研發出全美第一台用於超級市場收款的電子掃瞄機，大大縮短顧客的等待時間。

進入1980年代後，克羅格公司早已把發展方向轉到量販店經營上，提供顧客一次購齊全部所需商品，並獲得各種服務。

縱觀克羅格公司的發展歷史，我們可以看到該公司一直把「創新」擺在首位。在該公司成立100周年的文宣裡有一句話：100年只是歷史的一瞬間，所以只要一句話就可以概括我們的事跡，那就是「人無我有，人有我新」。

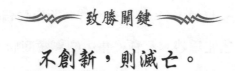

致勝關鍵

不創新，則滅亡。

錦囊 **2**

活著就有希望
——有時撤退是另一種前進

《美國大兵作戰手冊》第2條：

If you are captured by bad guys, don't be a hero.

如果你被俘，別充英雄（爭取活著回來的機會）。

我不明白為什麼有人說不怕死的軍隊才是最勇敢的軍隊，在戰況不利、沒有取勝希望的情況下，軍隊就應當撤退，調整態勢，重新集結，來日再戰。那些命令士兵死守或蠻攻的將領是有勇無謀的愚夫，在困境下臨危不懼，從容指揮，承認失敗，勇於撤退的將領才是真正的軍人。因為，戰鬥精神 ≠ 犧牲精神，打得過，就發揮全部作戰技術來取得勝利；打不過時，就盡量將損失減到最小，這才是戰鬥精神。

如果你被俘，要爭取活著回來的機會，只要人活著，什麼都有可能；如果你死了，那就什麼都完了。

有一天上午，小鹿和鹿爸爸到外面草地上散步。正當牠們玩得很高興時，遠遠傳來獵狗的叫聲，鹿爸爸馬上說：「快，我們躲起來。」並帶小鹿迅速的跑進森林裡。小鹿不解的問道：「爸爸，你怎麼怕狗呢？你不覺得很可恥嗎？你比他高大，比他跑得更快，而且還有很大的角用於自衛。」鹿爸爸笑著說：「孩子，你說得都對，可是我只知道一點，一聽到狗叫聲，我就會不由自主的立刻逃跑。」

鹿爸爸的選擇一點也沒錯。雖然鹿比狗高大得多，也比狗跑得

快，甚至還有很大的鹿角用於自衛，但鹿仍然不是狗的對手。鹿碰到狗只有兩種結果：不是在被狗抓住之前跑掉，就是陷於困境並被狗咬死。所以鹿爸爸一聽到狗叫聲就不由自主的逃跑，這不是膽怯與勇敢的問題，而是明智與愚蠢的問題。

如果這個世界是完美的，你可以永遠不陷入困境，而且，你可以變成另一個比爾‧蓋茲；你的企業可以順利壯大，你的產品會成為每家必需品，你會比華爾街上的銀行家還有錢。但這個世界不是完美的，你的企業在從小到大發展的過程中，毫無疑問會遇到許多困境。試問，如果現在的你已經或將要被淹沒在水裡，你會有什麼選擇？

我的建議是：企業的經營者或管理者不必等到窮途末路，從可能的困境中勇敢的撤退才是最明智的選擇，保存實力才可以東山再起。直接一點說就是上岸吧！沒什麼大不了，衣服是溼了，但一曬到陽光不就乾了嗎？

案例：勇於撤退的西武集團

日本的西武集團，是一家歷史悠久、財力雄厚的企業集團，與新日本鋼鐵公司、三菱重工業集團並列為日本三大企業集團。堤義明是西武集團的老闆，在日本無人不曉。在西武集團的發展過程中，曾經從許多行業中淡出，避免了公司重大的損失。

1966年，西武集團退出地產界，是堤義明接管公司後的一項大舉措。

當時日本正處於工業發展時期，又正值1964年奧運會在東京舉辦過，幾乎所有人都認為進行土地投資一定能賺大錢，甚至可以一本萬利。但堤義明卻作出退出地產界的決定，當時許多人開始懷疑他的能力，更有一些人中傷他，說他是個毫無生意頭腦的傻瓜。面對整個業界的閒言閒語和公司許多上層主管的反對，堤義明在公司幹部會議上斬釘截鐵的宣布他完全否定土地投資的建議。他說：「我已經預測到，土地投資的好光景已經過去。供需一定要求平衡，大家一窩蜂猛炒的結果，會把正常的供需狀態破壞了，我看會很快出現供需失衡的問題。」

接任公司老闆位置還不到一年，堤義明的決策在公司內外造成嚴重的不滿情緒和各種的猜疑，但不久後事實證明，堤義明的

看法和決策是完全正確的。在那以後相當長的一段時間裡，由於供過於求，土地價格猛跌，很多地產商陷入困境，有的甚至傾家蕩產。

堤義明適時退出地產投機生意，不僅挽救了西武集團，而且無形中幫助政府及早考慮修訂土地管制法。為此，當時著名的政治家、日本首相池田勇人曾經讚揚堤義明，說他是個有遠見又有責任感的企業家。

堤義明沉默寡言，勤於思考，讓人留下鮮明的印象。在企業經營方面，大家都尊重他能在必要時作出最有力決定的能力。堤義明認為：企業家如果不能對事情徹底看透，就不能作出正確的判斷，應該透過現實的各種動向，細心觀察未來趨勢。

1960年代中期，打保齡球成為風行日本的運動。面對這一股風潮，日本許多大型企業紛紛收購昂貴的土地，在郊區建造大型的保齡球館。企業界人士普遍認為，日本一億多人口，有超過3000萬人喜愛打保齡球，有這麼大的消費群體，多開幾個保齡球館，一定是有賺無賠的安全投資。

西武集團一向經營娛樂業，又占有土地優勢，當時的保齡球館生意很好，利潤相當可觀。西武集團的高層主管都建議堤義明進一步擴大保齡球館的規模，增加在這方面的投資以獲得更大的

利潤。然而堤義明再一次宣布：「我決定收回投資，不再做保齡球生意。」

公司內外又是一片反對之聲，普遍認為堤義明做事太武斷，可能會坐失良機，但堤義明絲毫不為所動。他深知，自己作為西武集團的老闆，必須十分負責，這也是對其數以萬計的員工負責。他說：「公司必須作出明智決定，如果全體意見一致相同，恐怕會出問題。因為全體一致的主張，有時不一定是每個人都深思熟慮作出來的，現在大家都不同意我的看法，但我知道我是對的。你們都沒有看出這個行業已經山雨欲來，危險至極。」

高層人員有人議論、爭辯，但堤義明仍堅持他的看法。大家只好分頭行動，結束數以百計的保齡球館生意，並將這些場地改做其他投資用途。

果然又不出堤義明所料，保齡球只是一時的熱潮。不久以後，打保齡球的人數急劇減少60%以上，多數打保齡球的顧客又去追求新的時髦運動，像打網球、釣魚、滑雪等等。一下子造成80%的保齡球館生意不景氣而倒閉。直到今天，人們在東京郊區仍能看到許多倒閉的保齡球館的斷壁殘垣，人們把它們戲稱為「保齡球死屍」。

堤義明的正確判斷，又一次使西武集團避免了保齡球館倒閉的

災難。

　　事實上，堤義明在1964年到1974年這10年中，雖然退出眾多行業，但並未失去事業發展的好機會，相反的，那些急於追求成功的企業家們卻在那段時間裡紛紛落馬。

　　西武集團的老對手日本東急集團的總裁長志五島升由衷的讚歎道：「近20年來，大轉換中的日本企業界，傑出英才要數堤義明了。我佩服堤義明的眼光，他一直都比別人先看到未來。有這麼準確銳利的洞察力，使他成為非凡的企業家。」

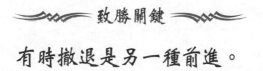

致勝關鍵

有時撤退是另一種前進。

錦囊 3

企業最終的競爭是成本的競爭
——要竭力控制成本與費用

《美國大兵作戰手冊》第3條：

Never forget that the lowest bidder made your weapon.
別忘了你手上的武器是由報價最低的承包商得標製造的。

這條手則毋庸置疑。不只是陸軍、海軍和空軍使用的武器也是由報價最低的承包商得標製造的。國家在滿足戰場上士兵使用標準下，要盡可能降低武器採購費用；承包商當然不是傻瓜，他們也要獲得利潤。在美國，我還沒有發現任何一家軍火公司能為了國家利益而免費為三軍提供武器。我們可以很清楚的看到，為保證自己的利潤，承包商不會在武器上多花一毛錢。國家忘了武器是戰場上士兵用來打擊敵人和保護自己的東西，而不是商品。但現實就是如此，那麼士兵該如何做？士兵要做的是永遠不要忘記手上的武器是由報價最低的承包商得標製造的，你要小心使用手中的武器，因為你不是超人，你手中的武器也不具備超能力。

你如果想在戰場上生存下去，你就要考慮如何在不超出你手中武器的能力情況下去完成任務，否則你就是在拿你的生命做賭注。

一匹狼吃飽喝足後徘徊在山腳下，落日的餘暉把牠的影子拉得特別長。看著自己的影子，牠得意洋洋的對自己說：「我有這麼大的身體，我還沒有見過比我的爪子還大的野獸，為什麼還怕獅子？難道我不該被稱為百獸之王嗎？」正當牠沉醉於其中時，一頭獅子向牠撲來，狼毫不猶豫的衝向獅子，並向獅子喊：「來吧！你這個卑鄙的傢伙，我已經受夠你的氣了。」可是獅子只是揮了揮前爪就

將狼打倒在地,並一口將牠咬個半死。此時狼悔恨不已,大聲說:
「我真不幸啊,我忘了我只是一匹狼!」

　　狼錯誤的評估自己的「資本」,覺得自己比獅子還大,可是卻
被獅子輕鬆的咬死了。

　　在企業中,管理者應該明白一點:你掌握的資源是有限的,上
帝一點都不會多給你,所以「成本」就是你手中的武器。為了在競
爭中生存下去,並實現企業獲利目標,你絕對不能做超過你能承受
範圍的事;相反的,你必須不斷的控制費用、降低成本,盡量將其
控制在你能承受的範圍之內,並且是在保證質量的前提下。

　　事實上,好多企業已在這樣做。為了控制費用、降低成本,他
們用最便宜的機器、廠房,用最廉價的原料、燃料,他們將生產線
轉移到工人多、工資又低廉的地區,那些地區的工資只是美國本土
的1/5而已。

　　有人也許會說,我也知道要控制費用,但我不知道該如何做,
我已經用了最便宜的機器、廠房、人工和原料,但費用還是很多,
什麼是控制費用的最好方法?

　　在回答這個問題之前,你必須明白「費用控制」其實是企業的
文化問題,是企業的管理階層決定了企業的文化,應該由企業的管

理階層來決定如何控制費用,以及必須採取的步驟。

費用像種子,天生就會生長和蔓延,除非有什麼擋住了它的路,因此企業的管理階層要下決心控制企業的費用,並堅持到底。

如果你真的決定要做,以下有一些行之有效的建議:

☆**零預算**。光想控制費用還不行,還必須有系統和方法控制它,零預算就是其中之一。你可以想像,在年度預算之外,其他費用帳戶是零,就像企業剛開業時一樣。然後對預算上的每一項目重新認真審核,省下的每分錢都是企業的利潤,那些研究企業變革的專家們確信,削減費用是增加企業利潤的有效方法。

☆**控制費用永無盡頭**。20年前,控制費用可能還是一個選擇,現在卻是一個不得不採用的舉措。今天的市場已經進入微利時代,而且看不到盡頭,這是國際競爭、技術更新和消費者意識共同作用的結果。

☆**落實費用控制的責任**。控制費用 不僅僅是企業管理者的責任,財務部、採購部也有責任。這是所有有費用產生的員工、團隊、部門的責任,必須讓每個人都對此有所認識。

☆**盡量降低人事費用**。使用太多人員,即使每個人的費用都很少,但總體來看也是一筆龐大的費用。而且一旦你招了人,解聘也

需要付出代價的。如果有必要，盡量使用兼職人員或外包工程。技術費用比人事成本低，也可以買些容易使用的軟體代替過多的人員。

　　☆**認同與回報**。發展費用意識文化的最好方法是公開認同那些有意識控制費用的人，並在他們做得好時回報他們。

案例：嚴格控制費用的豐田汽車公司

　　1920年，日本豐田汽車公司的創始人豐田喜一郎到美國參觀考察時，發現福特公司的流水線生產方式是以大量堆積存貨和占用許多倉庫為代價的。對人多空間小的日本來說，這種生產方式太浪費了。因此當豐田汽車公司成立後，喜一郎便根據自己對福特式流水線大批生產的反思，提出了「Just in time」的口號，這就是「豐田式生產」的思想萌芽。

　　後來，隨著豐田汽車公司規模的不斷擴大，新工廠的不斷建立，經過許多年的反覆研究探索，終於形成了系統化、完善、高效率的「豐田式生產」。豐田式生產是基於控制費用、降低成本，堅持追求合理化而創造出來的一種生產方式。透過徹底杜絕企業內部的各種浪費，最終達到大大降低生產成本的目的。

　　貫穿於豐田式生產的兩大支柱，一是「及時化生產」，二是「自動化」。

　　所謂「及時化生產」，就是「把必要的東西，在必要的時候，準備好必要的數量」。為實現這一目標，豐田公司最大限度的削減過剩設備和中間庫存，極力節省勞動力、降低成本。

如何做到及時化生產呢？

常規的生產順序是前一道工序向後一道工序供應元件。這種做法，一旦由於某種偶發因素導致前一道工序發生問題，必然產生後一道工序停工待料的連鎖反應。這樣，一邊是某些零件短缺，一邊是倉庫裡積壓用不上的零件，企業生產效率便會降低，成本上升，效益下降。

為解決這一問題，豐田另闢蹊徑，採用一種反常規的思維方式，他們倒過來考查生產流程：「後一道工序在需要的時候去前一道工序領取正好需要的那一部分元件」，「前一道工序只需要生產被領取的那一部分元件就可以了」。因此生產計劃只下達給最後的組裝線，指示它什麼時間生產多少、生產什麼類型，然後由最後一道組裝線向前一道工序傳送寫有數量、類型、需要時間的「看板」，倒轉訂貨程序從而進行「訂貨生產」。

豐田式生產的另一支柱是「自動化」。它不是單純的機器自動化，還包括人的因素在內的自動化，也就是養成良好的工作習慣，不斷學習創新，這也是企業的責任。他們由生產現場教育訓練的不斷改進與激勵，成立豐田學院，讓人員的素質越來越高，反應越來越快，動作越來越精確。透過嚴格的操作規程，豐田最

終實現生產流程的自動化，達到控制費用、降低成本的目的。

豐田公司如此比喻：「如果『及時化生產』是棒球比賽中集體配合、共同合作的精神，那麼『自動化』就是每一個棒球選手的個人技術水準。」

經過幾十年的發展完善，「豐田式生產」已經形成了一套嚴密的理論體系，具有極強的可操作性。

豐田公司將「豐田式生產」貫徹到生產現場中的每一個角落，透過「及時化生產」的嚴格遵守和自動化的準確實現，豐田公司做到杜絕浪費、控制費用和降低成本。

為了進一步降低成本、控制費用、杜絕浪費，豐田公司還從重視老設備等等各個方面及環節上挖掘更多可控制成本的地方，以至達到了被稱為「小氣鬼」的程度。

例如，工人的手套破了一隻，只能換一隻，另一隻什麼時候破了什麼時候再換。

有一次，松下公司的高層帶領一些貴賓到豐田汽車廠參觀考察。豐田汽車廠的服務人員恭恭敬敬的送上咖啡，既禮貌又周到，然而，盛咖啡的器具卻令客人大吃一驚——竟然是普通的瓷碗！豐田公司沒有咖啡杯，無論是自己用，還是招待客人，他們一律用的是普通瓷碗。

豐田公司一位普通職員提出公司的影印紙可以正反兩面都

用，信封也可以反過來再用的建議，公司欣然採納這個意見，並對這位職員實行重賞。

豐田公司為「工作」下了一個不同的定義：推動工序前進，創造附加價值的動作才是真正的工作。如拿取物品、集中零件及尋找工具等動作，都不能稱為真正意義上的工作，根據這一界定，豐田公司採取大量措施，削減操作中完全不必要的動作，從而控制這種無用的費用。

正是透過嚴格的控制費用，豐田公司才大大降低了汽車生產成本，一台5000美元的汽車，成本只需2000美元，無形中大大提升了利潤。伴隨著日本經濟的低迷，日本汽車市場也陷於長期衰退之中，然而豐田汽車卻在日益激烈的競爭中繼續保持利潤增長，最近更提出「世界第一」的宣言，宣稱要達到全世界汽車銷售總量的15%，顯示其邁向世界頂點的決心。

===== 致勝關鍵 =====

要竭力控制成本與費用。

錦囊 *4*

有效的方法就是好方法
——結果勝於方法

《美國大兵作戰手冊》第4條：

If it's stupid but works, it isn't stupid.

如果一個蠢方法有效，那它就不是一個蠢方法。

我們無法預見戰場上會發生什麼事，所以我們也無法事先準備用來解決這些事的方法。在戰場上，無論是將軍、中尉或士兵，都可能碰到這樣的情況。沒有太多時間，而你卻必須解決碰到的難題，完成預定的任務。優秀的軍人此時腦海裡只有一個信念——完成任務，而不是拘泥於該怎樣完成任務。第二次世界大戰期間，當退卻的英法聯軍被德軍困在敦克爾克，而聯軍又沒有足夠的軍艦來運送部隊時，幾乎所有的人都要放棄了，承認被德軍擊潰和俘虜的結果，可是英法的漁民卻用各種水上運輸工具包括木板，將沮喪的士兵運到了英國，這可能是個很笨的辦法，但他們達到了目的。

美國前總統雷根原來很呆板，競選總統後，他用了最笨的辦法使自己幽默起來：每天背一篇幽默故事。因此，真正的軍人必需知道：在戰場上，最重要的是結果，而不是方法。

有個守財奴變賣了他所有的家產，換回了金塊，並將金塊祕密的埋在一個地方。他每天走去看他的寶藏，有個在附近放羊的牧人留心觀察，知道了實情，趁他走後，挖出金塊拿走了。守財奴再來時，發現洞中的金塊不見了，便捶胸痛哭。有個人見他如此悲痛，問明原因後，說道：「喂，朋友，別再難過了，那塊金子雖是你買

來的，但並不是你真正擁有的。去拿一塊石頭來，代替金塊放在洞裡，只要你心裡想著那是塊金子，你就會很高興，這樣與你擁有真正的金塊效果沒什麼不同。依我之見，你擁有那金塊時，也從沒用過。」守財奴這樣做了之後，心情果然好多了。

在市場競爭中，企業要實現自己的目標，也同樣會遇到諸多問題，許多管理課程都會告訴企業的經營者們如何去解決問題，這當然是應該的，也是完全必要的。但是在不斷變化的世界中，企業在市場上和企業內部遇到的情況及問題千差萬別，根本沒有一套可以用於解決任何問題的萬能方法。所以，企業的管理者應該明白，你們不是根據方法去確定目標，而是根據目標去選擇方法。為實現企業的目標，你們可以採用任何方法，包括很愚蠢的，當然這都必須是合法的方法。結果是最重要的，難道不是嗎？

案例：用「愚蠢」方法塑造公司文化的沃爾瑪

　　在沃爾瑪（Wal-Mart，美國大賣場連鎖店）的任何一家連鎖店，我們都可以領會到一種獨特的氛圍，或稱「沃爾瑪文化」。沃爾瑪的創始人山姆・沃爾頓很早就發現，如果能找些有趣的事保持公司員工的興趣，使大家在娛樂中彼此溝通、放鬆、快樂，就能鼓舞員工的士氣，而員工的快樂情緒不僅能大大提高工作效率，而且能把這種快樂帶給前來購物的顧客，這是非常重要的。當顧客感覺在沃爾瑪購物是一種快樂享受時，沃爾瑪就將競爭對手遠遠的拋在身後了。

　　1977年，山姆去韓國參觀旅行，當看到韓國一家又髒又亂的工廠裡，工人群呼口號的做法時深感有趣，回沃爾瑪後便馬上效仿，這就是「沃爾瑪式歡呼」。每當山姆在各個公司的連鎖店巡視時，他就會提高音量向員工高喊公司口號，然後員工們會群起響應。每週六早上公司工作會議開始前，山姆也會親自帶領參加會議的幾百位高級主管、商店經理們一起歡呼口號和做阿肯色大學的啦啦隊操。當布希夫婦到本頓威爾為山姆頒獎時，沃爾瑪的員工也以這種歡呼口號的形式歡迎他們。

　　這種口號在其他公司和企業是很難聽到的，大公司更是少有

這類集體呼口號、做操或做一些瘋狂舉動的事,大部分公司的董事長也都不會在這類活動中親自帶頭且樂此不疲。這種在別的公司看來有些荒唐和滑稽的事,沃爾瑪公司則做得有板有眼且興致勃勃而形成了習慣。山姆‧沃爾頓認為這正是沃爾瑪獨特文化的一部分,有助於形成公司內部的凝聚力,使員工將工作做得更好。

還有一些看來很愚蠢或不合乎「常理」的事,但只要能令大家開心,山姆和他的高級主管們都會很高興去做。

1984年,山姆與當時的高級主管格拉斯打賭,說當年的稅前淨利率不會超過營業額的8%,並說如果超過8%,他就到華爾街上跳草裙舞,因為據山姆的預測,應該不會超過7%。沒想到沃爾瑪的經理和員工們知道這個打賭後,更加激發起他們的工作熱情,在全體員工的共同努力下,當年的經營情況異常的好,最後竟然超過了8%。結果,山姆不得不穿著夏威夷草裙去華爾街上跳舞。本來,山姆打算趁無人注意的時候溜到華爾街上隨便跳一下,讓格拉斯用攝影機錄下,這樣就可以在週六早晨的會議上放給大家看,證明自己履行了諾言。但山姆到華爾街時,發現格拉斯早就請了一車的草裙舞伴及樂師,還通知了媒體記者,讓大家一起看熱鬧。結果,警察跑來干預,說是沒有事先申請,不得在街上跳

舞；接著職業舞蹈工會也出面反對在沒有暖氣的街上進行這樣的表演。最後經過反覆商議，反對者同意山姆在美林證券公司的台階上表演。第二天，沃爾瑪公司董事長穿著奇裝異服在華爾街上狂舞的照片上了頭版頭條，這確實使山姆感到有些尷尬，但他認為很值得，因為這也是沃爾瑪公司獨特文化的一部分。

另外還有一些例子：沃爾瑪公司當時的副董事長查理‧塞爾夫在一次週六例會上和別人打賭輸了，他不得不穿著粉紅色褲子、戴著金色假髮，騎著白馬在本頓威爾的大街上招搖過市。

時任德州帕勒斯坦倉庫經理的鮑勃‧斯耐德和別人打賭，說不可能打破生產紀錄，如果他輸了就和狗熊摔跤。結果他真的輸了，他也真和狗熊比摔跤。為此，山姆不由得暗自慶幸自己只需要跳草裙舞而已。

格拉斯有一次穿戴整齊，戴著一頂草帽，當眾在停車場騎著驢接受《財富雜誌》記者的採訪，他向記者們展示他在1964年沃爾瑪第二家連鎖店開業時所遇到驢子和西瓜混成一團的景象，照片被刊登在《折扣百貨新聞》雜誌的封面上。

沃爾瑪公司的員工有一次告訴格拉斯，說要送他一件豬皮大衣，卻送了一頭活豬，意為連皮帶肉一起給他，這令格拉斯啼笑皆非。

有效的方法就是好方法

為了捐款給慈善事業，喬治亞州的錫達敦連鎖店竟然專門舉行了一場吻豬比賽，員工們在捐款箱上貼上經理的名字，如果哪個箱子裡的捐款最多，名字被貼在上面的經理就必須去吻一頭豬。這樣的例子，我想除了沃爾瑪以外，是絕無僅有的。

只要能提高員工士氣，幫助烘托氣氛，讓前來購物的顧客感到新鮮有趣，沃爾瑪公司總是大膽嘗試。在沃爾瑪公司，這種表面看來很愚蠢的事有許多，但正是透過這種「愚蠢」的方法，使沃爾瑪的所有員工整天生活在快樂的氛圍中，他們將工作中所遇到的各種不愉快拋在腦後，在顧客面前展現沃爾瑪熱情、禮貌和有效率的公司文化。他們的快樂不僅洋溢在公司中，也感染了來購物的顧客和公司所在的那片區域。

凱瑪特連鎖店創始人哈里・康尼漢曾這樣評價他的對手山姆・沃爾頓：「山姆稱得上是本世紀最偉大的企業家，他所建立的沃爾瑪企業文化是一切成功的關鍵，無人可以比擬。」

～～～ 致勝關鍵 ～～～

結果勝於方法，
哪怕你用的是蠢方法！

錦囊 **5**

企業不是超人
──專業化是企業最明智的選擇

《美國大兵作戰手冊》第5條：

You are not a superman.

你不是個超人。

企業不是超人

你有腦科醫生的神經，你有10歲孩子的精力，擁有每小時飛100英里的速度，能把手榴彈丟到敵人的炮膛裡。不，等等，那是超人，並不是你；相反的，你只是一名普通的士兵。如果你把自己想像成披著斗篷、在天空中飛來飛去、無所不能的超人，你遭遇厄運的日子就不遠了。戰場上沒有超人，也不需要超人，只需要優秀的士兵，而一名優秀的士兵必須具備這樣的能力：能對隨時變化的戰況和自己的任務進行準確的判斷，並根據自己的能力做出適當的反應和行動。有時候，戰場上的冒險是必要的，但不要無謂的冒險。

士兵要記住：像阿諾史瓦辛格那樣的英雄只有電影裡才有。

老鷹從懸崖上飛下來，把一隻小羊抓走了，一隻烏鴉看到這件事非常羨慕，也想仿效老鷹。牠呼呼的飛下去落在一隻公羊上面，想把牠帶走，可是牠不僅沒有把公羊抓起來，腳爪反而被羊毛纏住了，怎麼也拔不出來，牠開始不停的拍打翅膀。遠處的牧羊人聽到聲音，跑過來將牠抓住，剪去翅膀上的羽毛。到了傍晚，牧羊人將烏鴉拿給他自己的孩子們，孩子們問這是什麼鳥？牧羊人笑著說：「照我看來，這分明是隻烏鴉，可是牠自以為是隻老鷹呢！」

烏鴉把自己當成老鷹，想做老鷹做的事，結果付出的代價是喪失自由，變成牧羊人孩子的玩具。

在進入競爭跑道之前，企業管理者首先應該做的事是根據自身的實力和優勢為企業選好定位。一個企業不知道自己能做什麼和該做什麼，是注定要被競爭對手淘汰的。企業定位反映出企業的經營策略，在產業價值系統裡，你要用自己的產品和服務，明確界定自己的角色。許多企業沒有自己明確的定位，他們只是熱中於投資和冒險，經營者的腦海裡深植一種錯誤觀念，以為只要有資金，進行投資就一定可以賺錢，或是認為自己在一個市場上取得成功，就可以在任何市場上成功，因而盲目多元化擴張。他們對市場的供需或競爭狀態，沒有進行分析預測，便急於建設和擴廠，以致造成企業經營的危機。

我們正經歷經濟全球化，競爭全球化，市場和風險同時擴大，很多人說必須做多元化的經營才是發展之道，但是，多元化經營其實是近幾年企業家與經營者最大的陷阱。全球企業中真正實行多元化擴張成功的只有美國通用電氣一家，其他企業所謂的多元化大多只是相關多元化，並沒有超出自己主業的行業領域。就算是作為全世界推崇的典範，通用電氣在傑克‧韋爾奇的年代，也曾剔除掉兩百多個沒辦法成為第一或第二的企業。

企業不是超人

　　企業的準確定位和專業化經營指的是，企業選擇一個產業裡的一個部分或一些細分市場，全力使企業的每項工作都適合於這部分市場而不顧其他方面。事實表明，只有那些選準重點，為具有確切市場提供用途更大的產品的企業，才會成為市場上領先的企業。

　　以上所要闡述的是以下三點：

　　☆**不要實行不相關的多元化**。試想，誰會去買麥當勞生產的電腦或微軟生產的飲料呢？1970年代可口可樂公司曾大舉進軍與飲料無關的其他行業，在葡萄酒釀造、水產養殖、水果種植、影視製作等方面大量投資，結果這些投資只給股東們帶來不超過1%的報酬，甚至有數年是巨額虧損，直到1980年代中期，可口可樂公司集中精力於主營業務，利潤才又直線上升。你認為你比可口可樂公司還有實力嗎？

　　☆**主營業務的相關性**。如果你要實行所謂的多元化，請一定要注意新進入行業與自己主營業務的相關性：一是要與自己主業存在上下游生產關係；二是要與自己主業有技術上的相關性。因此，一定要專注你自己的主業。

　　☆**進入多元化產業的時機**。當你的企業面臨一個已經成熟甚至正在衰退的產業時，繼續在此產業中加大投資以獲取企業增長就是

不智之舉，此時為尋求企業的想繼續成長，就必須進入一個新的行業。除此之外，你還有更好的選擇嗎？

案例：專業化經營的日本佳能公司

1937年，憑藉光學技術起家的佳能公司，現在已是領先全球的影像產品生產綜合集團。經過60多年努力不懈，佳能已將自己的業務全球化並擴展到各個領域。目前，佳能的產品系列共分布於三大領域：個人產品、辦公設備和工業設備，主要產品包括照相機及鏡頭、數位相機、印表機、影印機、傳真機、掃瞄器、廣播設備、醫療器材及半導體生產設備等。

表面看來，佳能好像是一家多元化經營的大型跨國集團公司，但當我們深入觀察後就會發現，佳能是全球知名企業中最具有專業化特色並經營得卓有成效的公司。

佳能公司成立於1937年，它的前身是「精機光學工業株式會社」。在此之前，已於1933年在東京麻布六本木設立「精機光學研究所」，開始研製高級小型照相機。並於1935年推出35mm焦平面快門照相機「Hansa Canon」，同年申請註冊商標「Canon」。從此之後，佳能公司致力於光學技術和攝影技術方面的產品研發。下面是佳能公司發展大事記，我們可以從中看出佳能在60多年發展中的專業化道路：

1935年，推出35mm焦平面快門照相機「Hansa Canon」；申

請註冊商標「Canon」。

1940年，開發日本首創X光間接攝影照相機。

1954年，與NHK技術研究所聯合開發電視攝影機，以配合日本籌備播放電視。

1956年，吸收「佳能電子」為關係企業，推出8mm電視攝影機「8T」。

1959年，與美國Documat公司合作，開發微縮設備，發展磁頭產品，推出同步讀出器。

1963年，推出X光鏡面反射式高速攝影機，著手開發光纖維。

1965年，推出電子傳真式複印機「Canofax1000」。

1973～1974年，推出辦公室電腦「Canonac100/500」；推出殘疾人士便攜式會話輔助器「Communicator」。

1975年，成功開發雷射印表機。

1980年，推出日本首次G2標準傳真機「Telefax B-601」。推出自動折射能力測試儀「Auto Ref R-1」。

1981年，開發世界首創噴墨列印技術；推出CVC錄影系統。

1982年，推出16位元個人電腦「AS-100」；推出40倍電視變焦鏡頭。

企業不是超人

1984年，推出世界首創商務用印表機「PC Printer 70 」。

1985年，成功開發世界首次的「光卡讀寫器」。

1987年，首次參加通信奧林匹克「Telecom '87」。與KDD（國際電信電話公司）聯合開發高畫質數位符號化裝置。

1988年，開始銷售可讀寫光碟（MOD）系統。推出最早的數位相機「Q-PIC」，只有30萬畫素，採用磁碟為儲存媒體。

1992年，推出世界首創單眼自動對焦照相機「EOS5」，推出內置防止手顫變角稜鏡的電視攝影機鏡頭，與NHK工程服務聯合開發高畫質高速攝影機

1995年，設置CS（客戶滿意）推進委員會，在日本企業中，阿見事業所和上野工廠首先獲得英國環境管理標準 「BS7750」的認證。

1996年，放棄電腦部門，專注於本業。

1999年，佳能的光學技術為世界最大口徑的天文望遠鏡「昂」做出了貢獻。推出具有211萬像素的數位照相機「PowerShot S10」。

2000年，推出氟化氙激態原子雷射掃瞄步進儀「FPA5000ES3」。推出最輕、最小型的數位相機IXUS系列。

2001年，推出採用環境保護設計的iR3300複合機。開發多層衍射光學元件技術。與東京電子有限公司展開戰略合作，利用F2雷射

對步進儀進行研究。

2002年，推出具有630萬像素感光元件的EOS D60數位單眼照相機。

我們從上面可以看出，日本佳能公司始終以光學、攝影技術為核心，相繼發展了複印機、雷射印表機、攝影機、圖像掃瞄儀等產品。美國的全錄公司本來是複印機業的開山鼻祖，但由於盲目多元化經營終於陷入困境。佳能公司不僅在1976～1982年從其手中取得中檔複印機的一半市場，而且今天又成為全錄公司在高檔彩色複印機市場的主要競爭對手。

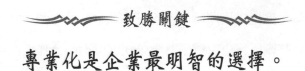

致勝關鍵

專業化是企業最明智的選擇。

錦囊 6

不要讓「合夥制」成爲「失敗制」
——開除外行且固執的合夥人

《美國大兵作戰手冊》第6條：

Never share a foxhole with anyone braver than you are.

別和比你勇敢的戰友躲在同一個散兵坑裡。

勇敢的戰友會吸引敵人的子彈和炮火，因為勇敢的戰友總是不斷挑釁敵人，而被激怒的敵人的唯一反應，就是把他槍裡的子彈和炮膛裡的炮彈一股腦兒全傾瀉到你們躲避的散兵坑裡。可是子彈和炮彈是沒有辨別能力的，結果很可能是你和你的戰友一起去天堂會見曾經非常疼愛你們的祖父和祖母。所以，在戰場上，當你發現和你在一起的戰友過於「勇敢」，又不聽你的勸說時，你就去另外找一個散兵坑吧！或者請他另外找一個，反正要和他拆夥就是了。

有一隻青蛙愛上老鼠，青蛙把老鼠的腳和自己的腳綁在一起，要和老鼠永不分離。剛開始，牠們在地面上行走，走了一會兒，一切正常，還可吃穀子和蟲子。當來到池塘邊時，青蛙想都沒想就把老鼠帶到了水裡，牠自己在水裡嬉戲玩耍，高興得呱呱叫，可憐的老鼠卻被水灌飽，淹死了。不久，老鼠浮出水面，但牠的腳仍和青蛙綁在一起。老鷹飛過這裡，看見了老鼠，衝向水中，把牠抓了起來，青蛙跟著被提出了水面，也成了老鷹的美食。

老鼠的不幸在於牠碰到了愚蠢的青蛙，牠大概沒想到青蛙的做法會使牠丟了性命，不然牠也不會同意青蛙那麼做。青蛙愛上老

鼠，而且勇敢的將牠們的腳綁在一起，可是牠卻把老鼠帶入水中，使之陷入滅頂之災。

在企業的經營管理中，合夥人作為企業的高層人士，往往要參與企業的戰略決策和決定重要事項，合夥人的素質將直接影響企業的生存與長遠發展，因此對其能力的要求是很高的。「外行領導內行」的時代已經過去了，如果你的合夥人能勝任，則你是幸運的，可是合夥人如果「勇敢」得近乎愚蠢，而且陷於其中不能自拔，而你又不想一再損失，那麼就讓他們走開。試想，一個蠢蛋會把我們的「事業之船」引向何方？

為了適應形勢的需要，迎接競爭對手的挑戰，企業的合夥人應當具備以下基本素質：

☆**合作與溝通精神**。合夥是由一群志同道合的人結成合作夥伴，團結與合作精神是必備的，合夥人之間必需分工合作，各取所長，互補所短，精誠合作。合夥人應當加強彼此的聯繫與溝通，正確處理各種利益關係，防止結成利益小團體，導致合夥制名存實亡。

☆**組織與協調能力**。企業合夥人應具有一定的組織能力，能調動大家的積極性，增強凝聚力，合夥人應當促使企業內部形成一種

積極向上的企業文化，避免老闆高高在上，與員工形成對立。協調能力包括對內協調和對外協調。內部協調有與合夥人之間的協調以及與企業員工的協調；對外協調則包括同行之間的協調以及與客戶、有關政府部門之間的協調。

☆**吸引人才與留住人才的能力**。企業要發展，人才是根本，因此首先要能夠吸引人才，然後是能夠留住人才。吸引與留住人才的方法不外乎三種，即事業、感情和待遇，這三種方法要同時使用，缺一不可。事業：幾乎所有的人都有一個奮鬥的目標，以實現自身的社會價值，此為事業觀，著重精神上的追求和鼓勵。感情：人都是有感情的，經過共同創業的艱辛和守業路途上的風風雨雨，感情或深或淺，總是有的，感情維繫著一切。待遇：在市場經濟迅速發展的今天，只有事業和感情的維繫而沒有雄厚的經濟基礎做後盾，也是難以長久的。合夥人如能具備並適當運用這三種方法的能力，就能吸引並留住優秀的人才。要建立正常的晉升機制，使各級員工能明確了解自己所處的位置、努力的方向和發展的潛力。

☆**質量與風險意識**。合夥人應當能夠正確處理業務收入與業務質量的關係。收入是生存的基本保證，質量則是生命的保證。建立健全的各項規章制度，並保證堅決貫徹實行。合夥人應以身作則，並教育和培養員工的質量與風險觀念，樹立責任意識。

☆**開拓與創新精神**。業務開拓與創新能力是企業發展的根本，沒有收入的增長就談不上企業的發展。合夥人應當富有開拓進取精神，積極進行業務創新、技術創新和管理創新，具有敏銳的觀察與思考能力，想別人所未想，開發新的業務領域，搶占市場。只有求新、求變、求發展，才能適應不斷發展的形勢需要。

☆**長遠與全局觀念**。企業的合夥人應當具有全局觀念和長遠觀念，站在較高的位置上看問題，分清眼前利益與長遠利益的關係，為企業的發展準確定位，明確今後的發展方向。如果只顧眼前利益，賺了錢整天想著分紅，是很難有長遠發展的。合夥人應當確定企業的短期和中長期發展目標，立足本地，放眼全國和世界，制定切合實際的目標，按部就班，健康穩定的向前發展。

案例：亨利‧福特不惜代價開除「外行」合夥人

　　1903年6月，亨利‧福特建立福特汽車公司，合夥人是底特律一些以麥肯森為首的企業家。公司成立初期，工廠僅僅是租用的一家冷藏倉庫，只有車床和鑽孔機一類的十幾部普通機械，全部員工加起來也僅有10人。此時的亨利經過前幾次的失敗，已經累積了經驗，如何經營汽車製造企業的想法，已經開始在他的頭腦中產生。

　　福特公司成立後推出第一款新車型——A型車，這次的廣告與以前做的不同，亨利這次強調它的廣泛實用性，而不是強調速度或其他特性。A型車上市後不到一年，就銷售了650輛，盈利近10萬美元。公司也因此接到了大量的訂單，公司的規模因此擴大了近10倍。

　　但是此時，公司董事與福特之間發生了激烈的衝突。董事會要求福特設計生產高檔豪華的B型車，而福特則認為：「賽車、高檔車、豪華車能有幾個人買得起？能賣出去幾輛？」他堅持要求公司今後生產的汽車應定位在低價、實用的大眾車，而不是高檔車。

　　但由於此時亨利並未在公司中占有多數股份，董事會多數人

的意見他不得不執行。

B型車很快上市了，果然不出亨利所料，雖然B型車在當時看來在技術上是很先進的，但由於其2000美元的高價（比A型車高出一倍以上），因此訂貨者寥寥無幾，而隨後推出價格800美元的C型車卻受到人們的歡迎。

但公司董事會仍然一意孤行，要亨利上市更新型的高檔車，其結果是導致1906年公司的銷售額大幅下降，利潤只有上年度的1/3。此時，亨利已經意識到，必須要跟他們攤牌了。

亨利心想：這幫傢伙這樣幹下去將會毀了公司。

1906年7月，經過亨利的努力，他收購了董事會中幾個合夥人的股份，使自己擁有福特汽車公司的大部分股份。　這對於誕生時間不長的福特汽車公司而言，是具有重要意義的一天。

亨利得意的回家對妻子說：「這公司終於是我的了。」

「你怎麼有錢去收購股份呢？」妻子問。

「親愛的，你別忘了，我不是還有準備用來發展一種新型汽車的錢嗎？雖然我暫時放棄了這種新型汽車的研製，可是我卻有了屬於自己的公司，這個代價是值得的！」

亨利‧福特主管公司後，馬上提出以降低售價、薄利多銷為原則的新戰略，並提出研究試制生產規格統一、價格低廉、用途

廣泛、廣為大眾所接受的新車型。很快的,一種性能好、外型美觀,價格只有500美元的N型車上市了,N型車成了市場上的搶手貨,訂單多得難以消化。在這之後,性能良好、價格低廉的R型車和S型車相繼上市,市場反應持續良好。

1907年,在美國經濟開始跌入谷底的情況下,福特汽車公司盈利仍有125萬美元,獲得了驚人的成功。

亨利‧福特在其創辦公司的過程中,曾經幾度起落,但他都以頑強的毅力對待自己認定的事業。將不合格的合夥人踢出福特公司,是他一生中最重要的決定之一。正是因為擺脫那一幫不懂裝懂的「門外漢」,亨利才能在福特公司施展他的拳腳。這直接影響1908年福特T型車的推出,而T型車的推出,使福特公司在第一次世界大戰結束時,成為控制北美乃至世界各地汽車市場的霸主。當時在地球上跑的汽車幾乎有一半是T型車。到1972年福特公司關閉T型車生產線時,T型車已經生產了1500萬輛之多。

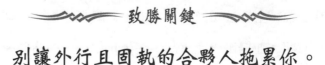

致勝關鍵

別讓外行且固執的合夥人拖累你。

謹慎選擇併購對象
——錯誤的併購對象比競爭對手更容易讓你失敗

《美國大兵作戰手冊》第7條：

The only thing more accurate than incoming enemy fire is incoming friendly fire.

唯一比敵人火力還精確的是友軍打過來的炮火。

我們在戰爭電影裡經常看到士兵被自己人誤傷的鏡頭，一個士兵也許經過許多次戰鬥都毫髮未損，但是卻不小心被自己人的槍炮擊中。我曾經向一些參加過第二次世界大戰的老兵們詢問這樣的事情在戰場上是否真的發生過，他們告訴我那是常有的事。其中一個人說，有一次衝鋒時，他所在作戰班中2/3的陸戰隊員被海軍支援的炮火炸死，僅僅因為他們比預定衝鋒的時間早了兩分鐘。戰場上不光要小心敵人的子彈，還要注意自己人的誤傷，我們希望士兵們不要倒在回家的路上。

有一隻鹿被狼咬傷，牠跑了很遠才擺脫狼的追趕，當看到一大塊草地時，牠就躺在草地上。牠對自己說：「這兒有這麼多鮮嫩的青草，我可以在這裡養好我的傷了。」聽說鹿受了傷，許多朋友來探望牠，朋友們都對這隻鹿說了不少祝牠早日康復的話，可是來探望的朋友太多了，以至於吃光了那附近的草，這隻鹿因為受傷不能再到遠方去找草吃，最後因缺少食物而體弱致死。臨終前牠痛苦的說：「我沒有死在狼的牙齒下，卻死在朋友的關心下。」

鹿有很多的朋友，可是這些朋友不僅沒有在牠患難時為牠提供所需的幫助，反而吃光了牠養傷所必需的食物，而導致鹿的死

亡，鹿的錯誤在於牠選擇朋友的不當。

你如果想把你的企業發展成一個大企業，你有兩種選擇：第一，靠你自己的資本累積，這個方法很慢，而且可能錯過發展的時機；第二，靠吞併別的企業，這個方法很快，而且你可以藉機消滅你的競爭對手。

近年來資本市場上流行併購，一方面是因為市場競爭過於激烈，小企業很難生存下去，另一方面就是上面的第二個原因。但是併購在迅速擴大企業規模的同時也為企業本身帶來諸多問題，許多企業合併後並未形成更強的優勢，反而帶來許多弊病，就如眾所周知的美國線上與時代華納合併後的經營狀況就很糟糕。我並不反對併購，相反的，我鼓勵併購，在當今全球化競爭年代，如果你還死抱著「靠自己積累」的教條不放的話，你很快就會被市場拋在後面。我想說的是：併購別的企業必須有眼光，不要像上面的鹿一樣選了不當的夥伴，不能得其利，反而受其所累。

併購一個企業要對其作詳細的分析，不光要分析其技術狀況和財務狀況、營運狀況、地理條件，還要分析其管理制度、經營理念和公司文化是否與自己公司相吻合，否則兼併就意味著大量的人才流失。併購還要講究併購的策略和方法以及併購之後的整合。併購之後的整合包括人事整合，被併購企業經營政策的調整，制度、運

行系統與經營整合等，這些都是併購成敗的關鍵。企業管理者，特別是打算併購其他企業的公司高層人員必須記住：很多時候我們不是敗給競爭對手，而是失利於我們的併購對象。

由畢馬威國際公司所作的突破性全球研究顯示，併購成功有六大要素：三大硬體和三大軟體。

三大硬體，指的是併購前的業務活動，這對兼併後公司的財務表現有明顯的影響，分別是：協同評估兩家公司的業務匹配程度、綜合規劃和勤奮工作。研究表明，強調協同評估因素的公司使股票升值的可能性比不據此操作的公司使股票升值的可能性大13%；強調考慮勤奮工作的公司比不考慮勤奮工作的公司使股票升值的可能性大6%。

三大軟體，指的是在宣布兼併前必須研究的人力資源問題，包括：管理團隊選擇、文化問題以及與員工、股東及供貨商的溝通。研究顯示，強調管理團隊選擇以減少因不確定因素所帶來組織問題的公司，成功的可能性比不強調管理團隊選擇的公司大26%；注重解決文化差異問題的公司，成功的可能性比不注重此項問題的公司大26%。在兼併前就著手解決這些問題的公司比那些兼併後才處理這些問題的公司有更大的成功機率；注重溝通的公司，成功的可能性比不注重溝通的公司大13%，與員工間的溝通不足會為併購帶來更大的

風險。

下面五條簡單的兼併法則可以作為參考：

1.被兼併公司必須與本公司發展方向相同或角色互補。

2.被兼併公司員工能成為本公司文化的一部分。

3.被兼併公司的長遠戰略要與本公司相吻合。

4.被兼併公司企業文化和氣質特徵與本公司接近。

5.被兼併公司地理位置接近本公司現有產業點。

　　思科公司成立於1984年，目前已經成為引領當今世界網路產品的巨頭，在網路上80%以上的骨幹路由器均來自思科。在《財富雜誌》推出的2001年全國最受推崇的公司排行榜中，思科系統公司以其穩健的財務狀況和經營管理方面的卓越表現排名第二位，此外還擁有資訊產業「最吸引員工的公司」、「20世紀90年代最有成效的公司」以及「全球最有價值的公司」等響亮稱號。

　　作為一家新興高科技公司，思科並沒有像其他傳統企業一樣耗費巨資建立自己的研發團隊，而是把整個矽谷當作自己的實驗室，採取的策略就是收購具未來性的新技術和開發人員，以填補自己未來產品框架的空白，從而迅速建立起自己的研究與開發體系、製造體系和銷售體系，乃至塑造出自己的品牌，使自身的核心競爭力不斷增強和拓展。在過去9年多的時間裡，思科成功的收購了80多家大大小小的公司，最多曾在10天內收購4家公司。成功的收購策略不僅推動思科的高速成長，使其先後超越英特爾和微軟等大公司，成為全球最有價值的公司，而且改變了矽谷的技術精英們對自主研發與收購的看法。思科已經成為高科技領域

謹慎選擇併購對象

中成功實施併購戰略的一個模範，並被授予「併購發動機」的美
稱。

　　思科的併購戰略得以成功，在很大程度上歸功於對被併購企
業在併購前的考察以及併購後的整合。思科公司人力資源部總監
巴巴拉・貝克甚至認為，除非一家公司的文化、管理做法、工資
制度與思科公司類似，否則即使對公司很重要也不會考慮收購。
因此在「瘋狂」的併購中，思科非常注重整個公司的共同目標和
前進方向。

　　思科執行長錢伯斯為兼併活動訂了五條「經驗法則」：兼併
對象必須與思科發展方向相同或角色互補；被兼併公司員工能成
為思科文化的一部分；被兼併公司的長遠戰略要與思科吻合；企
業文化和氣質特徵與思科接近；地理位置接近思科現有產業點。
在併購之後，思科則強調雙方在各個方面的整合，併購後的整合
包括人事整合，被併購企業經營政策的調整，制度、運行系統與
經營整合等。

　　在併購失敗的公司中有85%的CEO承認，管理風格和公司文化
的差異是失敗的主要原因。

　　思科公司歷史上最大的失敗收購是在1996年收購StrataCom

公司之後的幾個月內，大約有1/3原StrataCom公司的銷售人員辭職，導致公司銷售的長期癱瘓。之後思科公司吸取教訓，迅速改變併購戰略，始終將人員的整合放在併購戰略的首位。

在正式併購開始之前，公司就專門組織一個SWAT小組來研究同化工作的每一個細節，尤其針對人員整合做大量準備工作。以思科公司1998年收購Cerent公司為例，在公司接管後的兩個月內，每個Cerent公司的員工各司其職，都知道公司的獎勵辦法和保障待遇，並能直接與思科公司內部的網站連結以為溝通。這次併購最終獲得巨大的成功，Cerent公司的400名員工中只有4人離開了公司。思科公司利用最少量的投資獲得了光纖技術潛在的巨大收益和大量的專業人才，同時這項併購使得思科公司成為光纖通信網路設備市場中的新貴，依靠Cerent公司的產品線和其廣泛的客戶基礎、銷售與服務組織，思科成功推出了7億美元的產品線。

在網路快速發展的時代裡，企業成敗與人才的取得和保留有很大程度的關聯。思科認為對其威脅最大的並不是網路競爭中的老對手，而是不斷增多的、咄咄逼人的小型創新公司，因為這些公司往往擁有頂級的技術開發人員，所以在實施其併購戰略時，

謹慎選擇併購對象

思科往往將併購的目標瞄準新興的企業。公司執行長錢伯斯曾經說：「如果你希望從你購買的公司中獲取5～10倍的回報，顯然它不會來自現在已有的產品，你需要做的是，留住那些能夠創造增長回報的人才，與其說我們在併購企業，不如說我們是在併購人才。」

在思科的雇員中，最具特色的是被兼併的公司員工，在其全球現有的3萬多名員工中，30%來自被兼併的公司。思科堅持把併購公司員工的續留率作為衡量併購是否成功的第一個標準。每次收購公司，錢伯斯都要帶領一個由人力資源部成員參與的收購團隊，希望在買公司的同時也買下該公司的技術和人才。在過去一兩年裡，思科公司收購了幾十家公司，但只流失了7%的員工。

思科認為，用平均每人50萬～300萬美元的代價兼併一家公司，實際上買的是科技力量和市場份額，這是一種有效的投資，因為在留住併購企業核心員工的同時，也為自己減少一批潛在的競爭對手，同時還可以透過兼併網羅高級工程技術人才和節省研發投資。現在思科70%的產品靠自己研究和開發，另外30%則是靠兼併得來。以Cerent公司為例，它在光纜上傳輸數據和聲音的技術開發正是思科與競爭對手爭奪的一個領域，並為思科帶來巨大

的收益。思科能在併購企業的同時得到絕大多數的人才，證明他們對人員文化整合的重視有了不可忽視的作用。

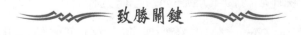

致勝關鍵

錯誤的併購對象比競爭對手
更容易讓你失敗。

成功其實很簡單
——培養並保持顧客的忠誠度

《美國大兵作戰手冊》第8條：

The important things are always simple.

重要的事總是簡單的。

在戰場上，士兵的主要任務是聽從指揮，然後再把敵人消滅掉，無論對哪個士兵都一樣，只有消滅了敵人，才能取得戰役的勝利，這是戰役取得勝利的關鍵，也是最簡單的道理。

從山崖上滴下來的水珠，正好滴落在一塊堅硬的石頭上。別看水珠小，志氣可不小，它要把石頭滴穿呢！

這事讓河中的大浪知道了，大浪哈哈大笑，他對小水珠說：「嘿，就憑你那點力氣，還想把石頭滴穿？真是笑話！」

水珠說：「我的力量是小，但是我相信，只要有堅持不懈的精神，一定能夠把石頭滴穿。要不然，咱們比一比怎麼樣？你把河邊的石頭打個洞，我滴穿石頭，100天以後，看看結果怎樣？」

「這容易！這容易！」大浪哈哈大笑，立刻表示要和小水珠比賽。

從這以後，小水珠滴呀滴呀，更辛勤的工作著，不管颱風下雨，也不管黑夜白天，從不休息。而大浪卻不同，雖然它力氣很大，但根本不把衝擊石頭當一回事，高興時「嘩」的沖一下，不高興時就懶洋洋的。大浪覺得，小水珠小得可憐，100天肯定不會滴穿石頭，而我的力氣可大著呢！別說打穿石頭，把石頭摧毀也很容易！100天，還早呢！何必現在早早浪費力氣。

成功其實很簡單

99天過去了，小水珠突然來找大浪：「你快來看吧！我已經把石頭滴穿了，銀色的小圓洞，還透著光呢！」

大浪一聽才開始著急，它趕緊使出全身的力氣，可是除了「嘩」的一下，又有什麼用呢？石頭仍舊躺在那裡，除了被水花沖了一下以外，根本沒有一點點洞的痕跡。大浪這時無話可說，只得搖搖頭，羞愧的躲到一邊去了。

我們無論做什麼事，都要像小水珠那樣，堅持不懈，才能成功。因為凡事都是從一點一滴開始做起的，沒有量的累積，不可能達到質的飛躍。在成功的果實中，每一滴小水珠都是功臣，不要忽視每一滴小水珠。

我們在企業經營過程中也是一樣，每一位顧客都很重要，企業的成功來自每一位顧客的支持。所以，企業最直接也是最有效的獲利方法就是「抓住顧客」，培養顧客對企業的忠誠度。學者雷奇漢和賽塞的研究結果顯示，顧客忠誠度提高5%，企業的利潤就能增加25%～85%。因此，企業必須培養顧客的忠誠度，這不但是企業得以生存和發展的關鍵，也是提高經濟效益，增強競爭能力的有效途徑。

在企業與顧客的交易過程中，企業為顧客提供滿意的產品和服務，從而使顧客對產品產生信賴感，進而對企業產生信賴感。顧客

的價值，不在於他一次購買的金額，而是他一生能帶來的總額，包括他自己以及對親朋好友的影響，這樣累積起來，數目相當驚人。從一個顧客成為忠誠顧客的過程中，我們看到顧客從購買到持續購買，並向自己的親朋好友傳播口碑，這些過程都將為企業帶來利潤。因此，使用後獲得滿意，企業印象的加強，售後服務的滿意都對利潤有著關鍵性的作用。企業在不斷提高顧客忠誠度的同時，也會使自身不斷發展壯大。

可見，只有以市場和顧客需要為中心的公司才能獲得成功，這需要他們向顧客提供優質的價值。這些公司並非僅僅是改進產品，而是需要建立提供顧客服務的團隊，使顧客能根據自己所掌握的信息，判斷哪些產品為他們所需。透過顧客服務團隊的訊息提供，再根據自己的知識、感覺、經驗來判斷產品是否符合他們的期望，這將影響顧客的滿意度和再購買的可能性。

因此，我的建議是：

☆識別企業的核心顧客。確定核心顧客，清楚知道企業面對什麼樣的顧客群，根據核心顧客的需要來制定企業相應的方案，以滿足核心顧客群的需要，進而滿足所有顧客的需要。

☆提出、闡述和廣泛宣傳企業的經營目標。

　☆**讓顧客自己確定產品的品質、價格、企業形象和價值標準。**如果企業滿足顧客這些需求，那麼就會成為顧客採購商品時的首選對象。

　☆**對顧客的需求和價值進行有效的評估。**

　☆**有效計劃的制定並付諸實施。**這一步驟的目的是把對顧客忠誠感的管理變成經營之道。顧客的呼聲必須成為企業的管理目標。

　總之，企業要把有限的資源集中在顧客認為最重要的東西上，如此就會使企業獲得巨大的市場份額和更大的利潤。

案例：滿足顧客需要的「Circle K」公司

美國「Circle K」公司是全球第二大便利商店連鎖體系，在全美國26個州開設了4500家便利商店，還透過合資及特約經營等方式在國外擁有1100家便利商店。其海外地理覆蓋範圍包括加拿大、英國、芬蘭、澳洲及亞洲的一些國家。其業務範圍則包括多種便民服務項目、出售食品、雜貨，還有汽車加油站等龐雜紛繁的內容。

費雷德·赫維40歲時，從凱食品公司買下三家商店，開始從事便利商店服務業。他經過多年的觀察與實踐，發現商業的真諦：需要。他認為從表面上看，似乎是商品把顧客吸引到你的商店中，但其實是一種「需要」支配著顧客走進商店的，這種需要包括多方面、多層次。顧客需要食品時，他就會走進食品店；需要衣服時會走進服裝店；需要得到良好服務時，他就會走進一家服務態度好的商店；需要節省時間時，他就會走進一家服務態度不怎麼樣，但卻離家近的商店。一旦你能滿足顧客某種需要時，他就會來到你的商店。如果你同時能滿足某種顧客的多種需要或能滿足多種顧客的某種需要，那麼你的商店就會生意興隆了。

正是在這種「滿足顧客需要」的理念下，赫維很快使名下的

商店從三家發展到十家。1957年，將公司命名為「Circle K」，「Circle K」是「OK」的另一種說法，赫維就是要讓所有顧客都感到「OK」。「Circle K」不僅出售食品，而且還為顧客提供多種服務項目，如顧客可以打電話到商店訂貨，商店再為其送貨上門；為顧客訂製其需要的特殊食品；為顧客提供清潔、購物等家庭服務。

在當時，便利商店的概念在全國引起很大轟動，「Circle K」聲名大噪，迅速發展起來。1964年，「Circle K」第100家商店開張了，此時公司的業務已遠遠超出了食品範圍。此外，赫維還針對汽車普遍進入家庭後，街頭加油站嚴重不足的情況提出建議：在公司下屬各商店中出售汽油。這項提議得到董事會的一致同意。後來事實證明，赫維的這個建議具有戰略意義。

從1960年代後期開始，「Circle K」在追求商店數量上的擴展時，就開始注重商店管理與經營品種方面的發展。1967年，「Circle K」把電腦管理引入各個商店，成為美國最早把電腦引入商店的公司之一。1968年，公司僱用食品專家開發出一系列冷凍食品以及多種果汁、果醬。

為了迎合顧客對快速餐飲的需求，「Circle K」在1971年開設了飲食服務部，在商店販賣三明治，該部門至今仍是該公司重

要的獲利部門。

「永遠讓顧客保持對公司的新鮮感」是1980年代初上任的董事長兼首席執行長卡爾・埃勒的一項經營宗旨。他說：「如果你總是有新面貌呈現給顧客，顧客就會認為你一直在發展。一旦讓顧客覺得你落伍了，陳舊了，他們會轉向令他們感到新鮮的新公司。你呢？就等著關門吧！」

1983年，「Circle K」在亞利桑那州的菲尼克斯地區推出了自動應答銷售機，吸引了眾多顧客，特別是大批少年兒童。他們樂此不疲的圍著這些能聽懂人話的機器，不斷往機器裡投錢，一會兒要可樂，一會兒要冰淇淋。同年，「Circle K」還在商店、超級市場和軍營裡安裝一種三明治自動販賣機，為速食業市場帶來一股衝擊。另外，埃勒要求公司下屬商店在色彩裝潢上執行統一標準。「Circle K」所有下屬商店的外觀顏色統一用橙、紅、紫三色，非常醒目易辨。隨處可見的「Circle K」商店讓顧客感到該公司實力雄厚，勝過了廣告宣傳。

現在，便利商店這個行業在美國仍是競爭激烈。「Circle K」依然在這個行業謀求發展，並堅信前途樂觀。一方面是因為「Circle K」實力雄厚，聲譽如日中天，並累積多年掌握市場的經驗；另一方面，以往便利商店傳統的服務對象是35歲左右、男

性的藍領階層，而近年來女性和白領階層的客源正大幅增加，這是一個潛力巨大的市場。

「滿足顧客的需要」這一思想，使「Circle K」順利的成長、壯大，今後也一定會保證「Circle K」在新的發展中立於不敗之地，因為這一思想正是商業的真諦。

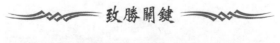

致勝關鍵

培養並保持顧客的忠誠度，
就能增加更多利潤。

錦囊 **9**

小心，小心，再小心
——不要過分相信自己的實力

《美國大兵作戰手冊》第9條：

Radio's will fail as soon as you need fire support desperately.

無線電通訊會有可能在你急需火力支援時失靈。

小心，小心，再小心

問題總是在最緊急的關頭出現。平時一切狀況良好的設備，總是在戰場最需要它的時候出現故障，而由於設備的故障，將會給戰役的勝負帶來決定性的影響。例如無線電通訊設備失靈了，不能與其他的隊伍聯繫，更不能和總部取得聯繫。這時候，不但你的信息不能傳達，連他們的信息你也收不到，你急需的支援也不可能得到。如果沒有支援，就有可能被對方殲滅，輸掉這場戰役。也許原來戰爭的情勢就會有所改變，如果得到支援就不會被殲滅，反而能贏得最後勝利。

有一隻強壯的羚羊，在草原上沒有任何動物跑得比牠更快，好幾次都有驚無險的從獅子的爪下逃生。漸漸的牠變得驕傲起來，牠對自己說：「我是草原上跑得最快的羚羊，連獅子都追不上我，我有什麼好怕的呢？」從此以後，牠再也不練習跑步了，牠總是吃飽喝足後就睡覺，同伴們跑步的時候牠還嘲笑牠們：「你們這些笨蛋，再練也沒有用。」牠越來越肥，可是卻渾然不覺。終於有一天，當牠在吃草時，一隻獅子向牠撲來，牠想迅速跑掉，可是卻感覺渾身無力，曾經使牠十分自信的腿怎麼也跑不快，結果被獅子吃掉了。

羚羊的死歸咎於牠高估自己的能力，不自量力，以為自己的速度很快，可以面對任何天敵，但事情往往是在意想不到中發生的。

對企業來說也是一樣，不要過分相信目前的能力，要小心，小心，再小心。實力再雄厚、資金再充足，都不能成為企業高枕無憂的理由。世界上每天都有新公司成立，也有舊公司倒閉，這些舊公司裡不乏實力雄厚的大企業。它們的失敗可能是因為一個小失誤，在事前沒有得到足夠的重視，最後演變成了大災難。大部分的原因在於企業對自身的實力、情況不甚瞭解，對人事結構、資源配置等方面沒有給予足夠的關心。對可能會發生的事情沒有先見之明，所以不會在事情還沒發生之前採取防禦措施，這也反映了企業對自己實力的估計過高。

企業經常會遇到一些難以預料的危機，例如外部自然環境的突然變化和外部需求環境的突然改變，這些都不是由於企業自身經營管理不善造成的，但是它們同樣具有很強的殺傷力，而且這種來自於外部的危機具有偶發性，有些是企業無法掌握和控制的。

在商場中，企業之間相互競爭，不是你研究我，就是我分析你，彼此都想吃掉對方，讓自己壯大，獲得更多的利潤。所以，無論對於大企業或小企業都一樣，不要就現在自己僅有的成績自我滿足，要小心身邊有人正打算擊垮你，有人正打算併吞你

小心，小心，再小心

覺得不可能發生的事，總是在大意之間發生了，來勢之凶，勢頭之猛，是我們始料未及的。所以不要過分相信自己現有的實力，不能盲目自信，以免當危機降臨時，才知道不應該過度自信，但已為時已晚，或者說錯過了最好的時機。

我的建議是：

1.縱觀市場變化，及時把握最新信息，要認清企業在動態環境中所處的位置。

2.要建立危機管理機制，當危機真正來臨時，能有應對的措施。

3.時時刻刻注意和提防身邊的競爭者，注意他們的最新動向及營銷策略等等。

案例：本田與山葉的較量

　　1970年代，日本的摩托車市場基本上是四分天下，依次為本田、山葉、鈴木和川崎。其中，本田在日本本土的占有率高達85%，穩居第一的寶座。1960年代末和70年代初，由於世界摩托車市場需求的增長明顯減緩，本田決定進軍汽車市場，實行多元化經營。當時日本汽車行業還很不景氣，為了能在汽車行業中得到很好的發展，本田將公司裡最好的設備、技術力量和優秀人才投入其中，從而使得摩托車部門出現發展停滯的狀態。

　　然而，就在本田致力於汽車生產，無暇顧及摩托車業務時，原來位居摩托車業老二的山葉公司認為這是一個成為業界第一的好機會，因此積極拓展摩托車市場。在山葉的猛烈攻勢下，本田的銷售額從1970年以3：1領先於山葉降至1979年的1.4：1。後來，差距又進一步縮小，本田的市場占有率為38%，而山葉為37%。山葉的市場占有率與本田已不相上下。

　　在即將看到勝利時，山葉認為自己的羽翼已豐，於是向本田發出了挑戰。1981年，山葉公開露出拿下本田的意圖，他們認為，身為一家專業的摩托車廠商，不能永遠屈居第二。本田正在

拚命推銷汽車，有經驗的摩托車推銷員幾乎都集中在汽車部門，山葉可以在摩托車上與它一決雌雄。只要有生產能力，就可以擊敗本田。同年8月，山葉開始了行動，那就是建一座年產量100萬台的新工廠，這個工廠建成後，可以使山葉總產量提高到每年400萬台，超過本田20萬台。假如新廠的摩托車在日本可以全部銷出，山葉的市場占有率將接近60%，就可以登上第一的寶座。

面對山葉的挑戰和攻勢，本田迅速作出決策：在山葉新廠未建成時，以迅雷不及掩耳之勢反擊，撲滅其囂張氣焰。首先，本田採用大幅度降價策略，利用汽車的盈利來彌補摩托車價格戰的損失，最終達到打擊山葉、擴大市場份額的目的。由於山葉是一個專業的摩托車生產廠商，它的生存完全依賴摩托車，而投資建新廠造成企業的成本投入較大，無法採用與本田公司相同的降價策略。

本田的另一策略是憑藉技術優勢和資金充裕等條件，加快產品更新速度，迅速使產品多樣化，使企業在消費者心中樹立起良好的形象。於是，本田摩托車的銷售量直線上升，而山葉公司則為了超過本田，在新廠上投入很多資金，內部運營資金入不敷出，必須向外大量貸款，而新廠尚未建成，無法產生效益，更別

說開發新產品。產品更新速度的減慢，使山葉在市場上的形象日益衰老，產品日益積壓。

在價格戰中，山葉承受了巨大的損失，節節敗退；在市場形象方面，由於推出新產品品種單調而漸受顧客冷落，造成大量庫存積壓。經過一年的較量，山葉的市場占有率從原來的37%下降為23%，產量迅速下降，1982年營業額比上一年銳減了50%以上。在這種情況下，山葉只有舉債為生。1982年底，山葉公司的債務總額已達2200億日元。銀行家們看到山葉前景不妙，紛紛停止貸款。山葉公司缺乏資金，產品無法降價出售，庫存越積越多，致使財政陷入困境。1981年山葉公司負債和自有資金的比例是3：1，但到1983年又惡化為7：1。

山葉不得不制定應急措施，摩托車的產量削減到150萬輛，此後又降為138萬輛，裁員規模也繼續擴大，約占全部員工的20%，原制定的企業計劃在兩年內不得不全部凍結。為了避免破產，山葉開始拍賣資產，從1983年4月到1984年4月的一年內，山葉賣出了相當於160億日元的土地、建築物和設備。走投無路的山葉於1983年6月向本田舉出白旗，它不僅沒有實現爭奪摩托車霸主的夢想，反而丟了第二把交椅的位置。這場競爭使山葉公司

傷痕累累，過了許久都沒有恢復元氣。

　　無論是本田還是山葉都犯了同樣的錯誤，就是「掉以輕心」，最後都被對方逮到進攻的機會。所以，任何時候都不要過分相信自己的實力，因為市場中沒有永遠的贏家。

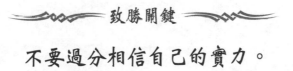

致勝關鍵

不要過分相信自己的實力。

防守的方法要不拘一格
——進攻是最好的防禦

《美國大兵作戰手冊》第10條：

Make it tough for the enemy to get in and you can't get out.

當你的防守嚴密到敵人攻不進來時，往往你自己也打不出去。

防守的方法要不拘一格

在戰場中經常會出現這樣的情況：當一方發起猛烈攻擊時，另一方就會採取避讓的戰術。這樣做是為了不和敵人作正面的對抗，以免增加無謂的犧牲。然而，敵攻我防，一味的防守而不採取任何應對措施是不妥當的。防守看似為了進行反攻做準備，殊不知，就在防守防到敵人攻不進來時，自己也已經斷了後路，等到有好的反攻戰略時，想反攻也攻不出去了。所以，在軍事上有一條重要的原則：進攻是最好的防禦。當面對對方的進攻時，要積極應戰，當然這個應戰不是盲目的抵抗，而是針對自身所處的情況，有效的反攻。

從前，有一個人一聽見「水火無情」四個字，就非常害怕。有一天，他的一個朋友因家中失火被燒死了，他知道後，覺得「火」這東西實在太可怕了，於是決定從當下開起，徹底與火斷絕關係：不用柴火、不起灶火、不點燈火。肚子餓了，就買點熟食吃，不然就吃生的。這樣一來，他生活過得非常艱苦。可是，想不到沒過幾天，他的一個親戚又被水淹死了。他知道後，覺得「水」這東西太危險了，又毅然決定開始與水斷絕關係：不喝水、不用水、不看水，甚至連天上下雨也嚇得要命，連用水煮的飯也不敢吃了。於是，他整天躺在床上，沒幾天就把自己活活餓死了。

　　雖然水火無情，但是像這個人因為覺得可怕就與之徹底斷絕，以為只要自己不碰它們，就可以平安，不受其擾。但是他一味的後退卻將自己推向了死亡。

　　市場不是孤立的島嶼，有市場就會有競爭。市場的不斷發展和變化，使得企業在競爭中逐漸暴露出自己的弱點，而企業資源是有限的，不可能做到面面俱到，這就給其他企業乘虛而入的機會，將其進攻的火力集中於企業的弱點上。

　　企業要將觸角從自體延伸出去，不可以局限於自身而不能自拔，所以進攻往往就成了最好的防禦。作為市場的領導品牌，面對挑戰者咄咄逼人的攻勢，不能坐視不管，任由其進攻和占領，更不能盲目自信，輕視挑戰者的實力。不採取任何措施任由挑戰者進攻，對於被挑戰者來說，就是實力再強的企業都承受不住。因為競爭者在進攻的同時，它的實力正在不斷增強，靜觀其變的方法並不能適應瞬息萬變的市場競爭。而且想要對手不進攻幾乎是不可能的，因為取得更大的市場份額和獲得更多的利潤，對每家企業都是非常重要的事。所以當敵方已出手時，就必須進行還擊，而且是有力的還擊，要在產品的戰略和戰術上都勝過對手。

　　也許在最初，被挑戰者的市場份額會急劇下降，但這時候也最能顯示出這些企業的實力。聰明的企業不會在進攻者面前手忙腳亂

而不知所措，而是在對手的張牙舞爪中瞄準對手的「死穴」，然後
以四兩撥千斤之力，擊退敵人的攻擊。強者發動的進攻往往比弱者
的進攻更具殺傷力，所以企業決策者要有高瞻遠矚的眼光及壯士斷
腕的勇氣和魄力。

我的建議是：

☆**企業要有自己打敗自己的魄力。**從公司的長遠發展和市場競
爭角度來看，自己打敗自己才能確保公司的長遠利益——維持主導
市場的權利。

☆**作好技術創新和產品創新。**企業始終要以領先對手的創新步
伐，引領業界創新潮流，否則，一旦讓對手的創新速度和步伐超過
自己，就會很危險，有可能會丟掉業界的領導位置。

☆**擴充和健全自己的產品線，不留市場空隙給對手。**因為競爭
者之間的產品有功能及品質等方面的差異，如能擴充自己的產品
線，則不會留給對手利用產品差異性的競爭策略來挑戰自身的企
業。

☆**作好迎接低價策略的準備。**企業領導者必須隨時警惕來自對
手的低價侵襲，作好全面迎接價格戰的準備。以低價策略發起猛
攻，是對手挑戰企業領導者的主要方式之一。

　　☆**整合各種推廣、促銷和傳播的手段**。以強大的規模和聲勢，

將對手的推廣和促銷努力淹沒在自己的促銷、推廣活動中。

案例：勇於出擊的柯達公司

1886年，喬治‧伊士曼研製出一種小型、輕便且人人都會使用的自動照相機，並為它取名為「柯達」，柯達公司就此誕生。從誕生到現在，柯達一直都是軟片界當之無愧的霸主。

1950年代，富士、櫻花、愛克發等品牌紛紛崛起，不斷向柯達發起猛烈的進攻。面對這些進攻，柯達不惜一切代價進行反擊，才使其霸主寶座未被人奪走。

富士一直是柯達最強勁的對手。在第23屆洛杉磯奧運會前夕，正當柯達公司與奧委會籌備人員為贊助費討價還價時，富士主動出擊，積極申請參與贊助，甚至把贊助費由400萬美元提高到700萬美元，使得奧運會上，富士大出風頭，銷售量激增，讓柯達受到重創。

面臨競爭，柯達的做法之一是：以眼還眼，以牙還牙。洛杉磯奧運會受挫後，柯達決定以其人之道還治其人之身，入對方的虎穴一搏。1984年8月，柯達企劃主管西格先生飛赴東京，研究如何在這塊「拍照樂土」與富士爭霸。當時，日本攝影用的軟片和相紙市場規模高達22億美元，但柯達只占了10%，其癥結在於，柯達雖在日本做了4年的生意，但從無長期經營規劃，公司

在日本既無直接銷售網，也無生產點，更無駐地經理，在東京的25位職員，完全依賴各地的經銷商。經過周密的計劃，西格開始出擊。

1984年，柯達花了5億美元在東京建立一個總部，在名古屋附近建立一個研究和發展實驗室，並將其在日本的雇員從12人擴大到4500人。結果6年間，柯達在日本的銷售額增加了6倍，1990年的銷售額達13億美元；同時，富士在日本國內的銷售額開始下降，以至富士公司不得不將其在國外的一部分最精幹人員撤回東京，以抵擋柯達的進攻。柯達在日本的成功完全依靠打破美國式的經銷觀念和經銷模式，讓柯達在日本成為與富士一樣的「日本公司」，而不是一家在日本的外國公司。

柯達的另一成功之道是向對手學習。在柯達公司製造部總經理威廉·F. 福布爾的辦公室裡，掛著一張白雪皚皚、雄偉壯觀的富士山大幅照片。福布爾說：「這張照片不斷提醒我要注意競爭。」在柯達公司的實驗室裡，研究人員有條不紊的對富士軟片進行分析。一位研究員說：「這叫做『照搬術』，富士公司怎麼改進，我們就如法泡製。我們對富士公司著了迷。」多年來，富士公司銷售的軟片色彩鮮豔，柯達公司的研究人員當初認為它

的色彩失真，但他們很快發現顧客喜歡富士軟片，於是柯達推出「VR-G」系列軟片，其色彩與富士軟片同樣鮮豔。

另外，廣告宣傳也是柯達競爭的一個重要手段。柯達為了與富士競爭，在廣告上投入大量資金。在富士準備投入大量資金促進海外銷售時，柯達投資比富士多三倍的資金在日本做廣告。柯達不惜重金在日本眾多大城市中設置了當時日本最高的巨型路標，價值高達100萬美元。不僅如此，柯達還出資贊助參加1988年漢城奧運會的日本代表團，以報1984年洛杉磯奧運會蒙羞之仇。同時，柯達還支付800萬美元，以獲准使用奧運五環標誌，來擊退富士向印度、中國和台灣這些迅速擴大的市場的進攻。為徹底打敗富士，柯達花費100萬美元特地購置了一艘飛艇，並裝飾上醒目的柯達標誌，在日本城市上空整整飛行了三年。為挽回劣勢，富士不得不付出比柯達的多二倍的代價，專門從歐洲調回富士的飛艇，在東京上空作了兩個月的飛行。

瞬息萬變的市場和快速發展的科技使柯達面臨著挑戰。一些非知名品牌的商品壓低了柯達價格，富士軟片也在價格上與柯達展開競爭，計劃在美國南卡羅來納州建造價值25億美元的生產相紙新廠，該廠的建造將使原本已供應過多的相紙更加氾濫成災。

在東歐和發展中國家市場上，價格便宜的軟片也給柯達造成極大的威脅，因為低收入的人更注意價格而非品牌和質量。針對這種價格戰，柯達經過市場細分，針對不同市場推出不同品牌、質量和價格的軟片：「Royal Gold」專門供應某些特別重大的場合和活動，質高價高；「Gold Plus」是一種日常使用的普通軟片，質價中等；「Fun Time」，是一種低價軟片，定位於對價格較敏感，愛討價還價的消費者。柯達這種價格反擊策略在一定程度上起了作用。柯達從誕生到現今一直保持業界第一，主要在於柯達在面對競爭者的挑戰時，總是採取積極的應對措施，不但有效的遏制對手，還使自己得到了更好的發展。

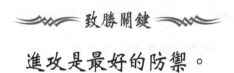

致勝關鍵

進攻是最好的防禦。

危機無時不在、無處不有
——要居安思危

《美國大兵作戰手冊》第11條：

If your attack is going really well，*it's an ambush.*

如果你的攻擊進行得很順利，那你一定是中了圈套。

無論是對於整個戰役還是每一個作戰的士兵，當發現進攻變得很順利，沒有受到對方強烈反抗時，也許你早已進了對方設計的圈套中。你一直以為很順利的事實，只是敵人給你設立的一個假象，對方透過這個假象來麻痺你，使你對他產生輕視和大意，以為勝利在握，馬上就可以拿下這場戰役。殊不知，正是這個時候，對方卻一直在部署和實施他的戰術，而你暫時進攻的順利是他戰略中的一步。他正等著你一步一步走入他布下的陷阱中，以便重重的打擊你。等你清醒、明白的時候，對方已經取得了戰役的主動權，而你只能被動挨打了。

啄木鳥在一棵樹上啄蟲。

樹大叫起來：「別動我！別動我！痛死我了！」

「樹先生，你身上有病，我在為你捉蟲呢！」啄木鳥說。

「簡直是侮辱！我這樣年輕力壯，身上哪裡會有蟲　我知道了，這不過是你想打擊我、傷害我的藉口罷了。我警告你，別在我面前耍花招，滾開！」樹生氣了。

啄木鳥不好意思的飛走了，從此以後，再也沒有啄木鳥願意去幫助這棵樹啄蟲了。

幾年後，樹裡的蟲多了，這棵「年輕力壯」的樹終於變成了肚

裡空空的廢物。

　　這棵樹的下場，是由於它盲目自信，以為自己年輕力壯，身上不會有蟲子，不但自己看不到身上的蟲子，也不相信別人給它的提醒，及別人的善意幫助，以致於最後被蟲子一點一點吃空了。

　　對企業而言，在競爭激烈的市場中，危機是隨時都有可能發生的，也可以說，危機無時不在，無處不有。無論你是多麼有名的企業，實力有多強，市場占有率有多高，都不可能不遇到危機。發展得再好、再健康的企業都難逃危機之災，只是危機可能會在企業發展的不同階段，從不同的面向，以不同形式、不同程度出現。因此，不能以表面所呈現的繁榮景象，來斷定企業是否有危機。事物總是有「物極必反」的特徵，因此要未雨綢繆，別等到危機發生時才開始想解決方法，因為這時候往往已經來不及了。

　　危機產生的原因各式各樣，並具有偶然性，可能在某一天因某件事或某個產品所引發。但是，危機局面的產生卻有一個從「準備期」到「爆發期」的變化過程。也就是說，危機的發生是有預兆的，正所謂「冰凍三尺非一日之寒」，如果企業管理人員有敏銳的洞察力，能根據日常搜集到的各方面信息，對可能面臨的危機進行預測，及時做好預警工作，並採取有效的防範措施，就完全可以避

免危機的發生，或使危機造成的損害和影響盡可能減少。

但不幸的是危機往往會被忽略，而造成這種情況的原因正是由於企業危機意識的薄弱，也就是企業領導者和決策者不能居安思危，不能認識和預見到各種不確定與風險的產生。所以，企業要居安思危，當企業發展非常順利時，要隨時提醒自己，危機可能已經產生。平時多一些危機意識，設想各種危機發生的可能，制定各種危機的防範策略，提高危機管理水平。如果在危機來臨時能夠鎮定從容，就可以贏得第一步。

我的建議是：

☆**樹立正確的危機意識**。預防危機要從企業創辦之日起就著手進行，隨著企業的經營和發展長期堅持不懈。那種出現危機才想到危機管理，把危機管理當作一種臨時性措施和權宜之計的做法是不可取的。

☆**建立高度靈敏、準確的信息監測系統**。隨時搜集各方面的信息，及時加以分析和處理，把隱患消滅在萌芽狀態。

☆**危機可能來自外部，也有可能來自企業本身**。針對外部危機，管理者要有把握市場的能力，及時搜集並分析市場信息；而內部危機，主要是發展戰略、人員結構、品牌定位等都要適應市場的

發展，找出內部機制中的不適應和不足，及時修改和調整。

　　☆**制定危機管理計劃**。企業要根據可能發生的不同類型危機制定一整套危機管理計劃，明確知道怎樣防止危機爆發，一旦危機爆發應如何立即作出有效的反應等。

案例：媒體大亨梅鐸的危機

　　媒體大亨儒伯・梅鐸（Rupert Murdoch）的企業遍布全球，其總部設在澳洲，在全世界擁有100多個新聞事業體，包括聞名於世的英國《泰晤士報》。梅鐸從事的新聞出版業主要庇蔭於父親，老梅鐸創辦了導報公司，梅鐸子承父業。梅鐸經營導報公司以後，籌劃經營，多有建樹，最終建立一個年營業額達60億美元的報業王國，控制了澳洲70%的新聞業，英國報業的45%，又把美國一部分電視網路置於他的王國統治之下。

　　像許多商界大亨一樣，梅鐸也不斷向資本市場貸款融資，他的債權遍及全世界，但梅鐸經營得法，一帆風順。然而就在1990年經濟復甦之時，梅鐸報業王國卻因為區區1000萬美元的小債務，幾乎翻了船。

　　匹茲堡有家小銀行，讓梅鐸貸了1000萬美元的短期貸款。小銀行也不知從哪裡聽來風聲，認為梅鐸的支付能力不佳，通知梅鐸這筆貸款到期必須收回，而且規定必須全額償付現金。

　　但梅鐸毫不在意，認為籌集1000萬美元現款輕而易舉。他在澳洲資金市場上享有短期融資的特權，期限從一周到一個月，金額可以高達上億美元。他派代表去申請融資，但梅鐸的特權已經

被凍結了，因為日本大銀行把在澳洲資金市場上投入的資金抽了回去，資金緊縮。梅鐸得知被拒絕融資後，親自帶了財務顧問飛往美國貸款。

到了美國，始料未及的是，那些跟他打過半輩子交道的銀行家，像是存心跟他過不去似的，都婉言推辭，一毛錢都不給。梅鐸是又氣又焦急，和財務顧問在美洲大陸轉來轉去，幾乎到了求爺爺告奶奶的程度，還是沒有借到1000萬美元。貸款到期日一天天逼近，商業信譽可開不得玩笑，若是還不了這筆債，引起連鎖反應，可能就不只匹茲堡一家小銀行鬧到法庭，還有145家銀行都會像狼群一般，成群結隊來索還貸款。就是具有最佳支付能力的大企業都受不了債權人聯手要錢，這樣一來，梅鐸的報業王國就得清盤，而梅鐸也就完了。

但梅鐸畢竟是個大企業家，經過很多風風雨雨。他強自鎮定下來思考，豁然開朗之際，他決定回頭去找花旗銀行。花旗銀行是梅鐸報業集團的最大債主，投入資金最多，如果梅鐸完蛋，花旗銀行的損失最高。債主與債戶原來同乘一條船，只可能相助不可能拆台。花旗銀行權衡利弊，同意對他的報業王國進行一番財務調查，將資產負債狀況作出全面評估，取得結論後再採取對策行動。

　　花旗派了一個調查團隊前往著手調查，他們每天工作20小時，通宵達旦，把梅鐸100多家相關企業一個個拿來評估，一家也不放鬆，最後完成了一份調查研究報告，這份報告的篇幅竟有電話簿那麼厚。

　　當報告遞交給花旗銀行總部後，結論是——支持梅鐸！

　　原來調查團隊在觀察梅鐸報業的全盤狀況後，對梅鐸的雄才大略及發展事業的企業家精神由衷敬佩，決心幫他渡過難關。

　　他們所提出的解救方案是：由花旗銀行帶頭，所有貸款銀行都必須待在原地不動，以免一家銀行退出，採取收回貸款的行動，引起連鎖反應。再由花旗出面，對匹茲堡那家小銀行施加影響和壓力，要它到期續貸，不得收回貸款。

　　報告提交到花旗總部時距離還貸最後時限只剩十個小時。這個關鍵時刻，梅鐸報業王國的安危命運就取決於花旗銀行的一項裁決了。

　　花旗銀行總部終於在最後時刻前作出決定，同意調查團隊的建議，支持梅鐸。由於花旗銀行已經與匹茲堡銀行談過，因此再由梅鐸自己與對方經理直接商談。

　　梅鐸渡過了難關，但他在支付能力上的弱點已暴露在資金市場上。此後半年，他仍然處於生死攸關的困境之中。由於得到花

旗銀行帶頭的146家銀行都提出不退出貸款的保證，使他有充分時間調整與改善報業集團的支付能力，半年後，他終於擺脫財務的困境。

渡過難關以後，梅鐸又恢復最佳狀態，進一步開拓他的報業王國領域。

從梅鐸的危機中，我們可以清楚看到，由於梅鐸對自己的融資能力以及對銀行家們的信任，使他未看到危機的發生，等到危機來臨時，才意識到這一點，才採取行動。梅鐸是幸運的，畢竟最後度過難關。可是，又有多少家銀行像花旗一樣那麼有實力和魄力呢？所以，企業不要過份依賴外界，也不要盲目自信，而是要未雨綢繆。在一帆風順時，多考慮可能會面臨的危機，並提前作好應對的措施，使損失降到最低。

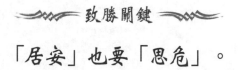

致勝關鍵

「居安」也要「思危」。

錦囊 *12*

危機處理應及時
──速戰速決

《美國大兵作戰手冊》第12條：

All five-second grenade fuses will burn down in three seconds.

所有能燃燒五秒的手榴彈引線都會在三秒內燒完。

危機處理應及時

　每個在戰場上作戰的士兵，可能都會遇到這樣的情形：明明手榴彈的引爆時間很長，但是在戰場上總會比正常的時間更快引爆，或者說比訓練的時候更快。那麼會不會有士兵還沒來得及把手榴彈扔出去，就在他手裡引爆了呢？回答是肯定的，因為那是在戰場，什麼事情都有可能發生。我們總是會這樣形容戰爭：戰爭是殘酷的。所以，每個作戰的士兵都必須隨時記住這一點。對可能發生的事情要做好防護措施，以預防不知道什麼時候會來臨的危險。等到真正危機來臨的時候，及時採取有效措施，而不是手忙腳亂延誤了處理危機的最佳時機。

　　有一戶人家的廚房裡，筆直的煙囪一燒飯就火焰直冒，而灶門口偏偏又堆放著大堆柴草。有個客人看見這種情形，就對主人說：「這樣很危險，最好把煙囪改成彎曲的，柴草也搬到離灶門口遠一些的地方，這樣不是比較安全一些嗎？」主人對客人的這個意見並沒有理睬。

　　過沒多久，廚房果然失火了。火勢蔓延的很快，幸虧左鄰右舍迅速幫忙撲救，才把火撲滅。事後，主人殺豬宰羊，大擺酒宴，慰問為滅火出力的鄰居。功勞最大的，請他們坐上席，其餘依次陪坐。至於那位勸主人提防火災的客人，卻早被主人忘記了。

　　這個寓言諷刺了一種人：他們只知道在事情發生危險之後補救損失，而不重視在事情發生前聽取別人的忠告，及時採取措施防止危險發生。試想，如果當時鄰居都不在家，沒人來幫他滅火，那他的房子就會被燒成一片廢墟。但又假使這個主人採納了客人的意見，把煙囪改了，柴草也搬遠了，就不會發生這場火災，即使發生了火災，也不會有那麼大的損失了。

　　企業也存在同樣的問題，總是在面臨危機，遭受損失的時候，才感歎先前忘記預防危機的發生。因為危機爆發時，留給我們處理的時間往往比想像的要短，企業必須在最短的時間作出最快的反應，才能掌握主動權，如果對危機處理不當，將會使企業多年辛苦建立起來的品牌形象和企業信譽毀於一旦。

　　危機的發生可能來自企業內外部不同的因素。企業的管理不善與同行競爭，甚至遭遇惡意破壞，或者是外界特殊事件的影響，都會為企業或品牌帶來危機。在危機發生時，一個企業要照顧的面向何其多，要處理的工作何其繁雜，而這一切都需要在極短時間內完成。因此企業必需認識到危機管理的重要性，並做好危機管理，能在危機出現前先預測與管理，並有一套在危機中的應急處理以及危機善後工作的方案。企業需要建立一套危機管理體制，包括組織決

策和指揮系統、訊息傳輸、處理系統、物資準備和調度系統，人員培訓和技術儲備系統，並先行展開反危機的理論研究、經驗學習和方案設計等。這樣才能有備無患，立於不敗之地。

　　這就是所謂的危機管理，即針對企業自身情況和外部環境，分析、預測可能發生的危機，然後制定出對應措施，防患於未然，將危機爆發的可能性降到最低，將事故消滅在萌芽狀態；一旦危機爆發，便能胸有成竹、有條不紊的化解危機，將危機對企業的潛在傷害減到最低，幫助企業控制危機局面，把損失控制在最小範圍，同時盡最大可能保護企業的聲譽。

　　危機管理的方式有危機預防、危機處理兩種。前者是危機發生前的未雨綢繆，後者是指危機發生後如何處理應對。所謂「有備無患」，只有心理準備和應變措施都準備充足之後，公司才能在面對危機時臨危不亂。

　　所以，企業必須未雨綢繆，建立自己的預警機制，要有化解風險尤其是突發危機的能力，及時採取有效的應對措施。

　　對此我的建議是：

　　☆**對危機進行預防和準備**。最合理、最有效率也最經濟的資源配置方式，是對危機進行預防和準備，盡最大的努力去防範危機發

生，減輕危機對資源的浪費。

☆**發現危機、鑑別危機的嚴重程度**。危機不可能完全避免，一旦發現危機來臨，則應該馬上能夠鑑別危機的性質，冷靜制定危機處理的行動方案。

☆**反應速度是處理危機的關鍵**。找出危機後，執行危機處理方案刻不容緩，否則，在危機蔓延和升級後，處理難度和不良影響將大大增加。

☆**處理危機要本著誠實、積極的態度**。要建立快速的訊息傳播系統，爭取獲得媒體的理解和支持，真正從大眾的長遠利益出發，本著公開、坦誠、負責的精神與大眾進行溝通。

案例：快速處理危機的利利公司

　　利利股份有限公司是蘇格蘭一家擁有先進技術的大型建築集團。1960年代中期，利利公司股票上市後，企業規模不斷擴大。

　　1986年，雖然股東們認為利利集團仍然經營良好，但實際上公司的海外業務活動已經出現嚴重問題。當年五月，利利公司創造的利潤達900萬英鎊，股價升到每股91便士的最高點，然而，許多問題也相繼暴露出來。

　　在定於10月份公布公司半年或中期業績之前的夏秋相交之際，利利公司的股票價格開始下跌。當利利公司的管理階層宣布延遲一周公布其中期業績報告時，危機來臨了。

　　當宣布延遲發布業績報告的決定後，蘇格蘭的《格拉斯哥先驅報》堅持要求利利集團給個說法，但是公司對報界採取保持緘默的態度。這家報紙為了讓事件水落石出，便找了一些消息靈通人士，並根據他們的解釋進行猜測。第二天這家報紙就在頭版上發表了題為《蘇格蘭建築公司可能崩潰》的文章。

　　就像一枚重型炸彈，公司的股價很快跌至每股15便士，證券交易所應利利公司的要求，暫時停止交易。迫於大眾的壓力，利利公司對外承認其上半年虧損了2400萬英鎊。

　　兩個月後，英國知名企業危機處理高手劉易斯‧羅伯遜被任命為利利公司的新董事長，喬‧巴伯出任利利公司總裁。12月初，他們倆開始重組公司的工作，但他們很快發現公司的前任管理階層並未揭露出全部的問題，在財政危機後面還有一個更可怕的危機，即信任危機。投資者、客戶、協力廠商、員工和蘇格蘭當地的工商界，可以說裡裡外外的大眾都對利利公司失去了信任感，認為公司不可能走出財政危機。

　　面對財政與信任危機，利利公司新任董事長劉易斯‧羅伯遜果斷的決定：展開與大眾的溝通交流，透過溝通交流激起相關大眾對公司的信心。正如他所言，信心是解決一切問題的關鍵。

　　為此，公司危機處理小組與一家金融公關公司合作，在諸多公務之外，公司董事長和總裁密切關注公關戰略的制定和實施。在選擇金融公關公司時，劉易斯‧羅伯遜選定了一家很有威信且與他多次合作，挽救了不少處於危機中企業的公關公司——都市公關公司。該公關公司接受委託之後，立即著手交流溝通工作。他們確定的目標是：

1. 與知名金融記者和金融分析家建立聯繫。

2. 確立危機處理小組在這些輿論製造者心目中的地位。

3. 利利公司有機會發表自己的言論。

4．危機處理過程中，確保進行不間斷訊息交流與溝通。

在確定公關目標的基礎上，都市公關公司馬上進行拜訪和會談等活動，使記者和分析家們不斷得到利利公司各方面的訊息。

為了使大眾特別是金融界接受利利公司的年度業績報告，公司董事長還在公司業績公布前的一個月召開一次股東大會，希望他們允許公司繼續貸款。利利公司這麼做的目的是為了告訴投資者與金融界：利利公司正在努力工作。

這些都是為發布公司年度的業績報告做準備。都市公關公司密切注意金融評論家的言論，隨著發布日期的逼近，公關人員可以肯定，他們發出的信號已經受到重視。業績報告向證券交易所報告後，立即與權威的金融分析家和新聞記者會面則極為重要。這時，利利公司決定召開兩個發布會，一個針對新聞媒體，一個針對金融分析家。

在金融分析家的發布會上，利利公司的董事長、總裁及金融部經理對金融分析家們提出的問題都作了令人滿意的答覆。會議一結束，金融分析家們立刻與各自的機構聯繫，提出了新的建議。他們的建議對利利公司股價的影響馬上就表現出來了。幾分鐘內，利利公司的股價先跌了一便士，然後便開始回升。

新聞媒體對面貌一新的利利集團也表現出支持態度。第二天

的報紙對利利公司處理危機的種種措施，如減少貸款和強有力的控制其海外部門的業務運作等，都給予了高度的評價。

由於年度業績報告的公關工作做得比較成功，取得了各方大眾的理解和支持，利利公司在嚴重的財政虧損中倖存下來。

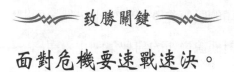

致勝關鍵

面對危機要速戰速決。

來一場別出心裁的競爭
——不要和競爭對手正面對決

《美國大兵作戰手冊》第13條：

The easy way is always mined.

好走的路總是已被敵軍埋上了地雷。

在戰場中，最安全的地方往往是最危險的地方，你認為最安全的地方，通常對方也會想得到，因為對方並不笨。因此不要輕視你的敵人，不要把你的敵人想像得很笨，要在戰略上重視你的敵人。在戰場上選擇路線和策略時，你認為比較好、比較安全的路線和方法，往往敵人也已經考慮到了，而且還埋上了地雷，一旦你觸及，馬上就會死得很慘。在戰場上，對峙雙方的戰略家都很有謀略，誰也不會比誰遜色三分。他們對整個戰場及敵方的瞭解、對整場戰役的掌握各方面都不相上下，所以，這時候有一些顯而易見的方法和策略，並不能獲得成功，因為這些都是最基本的，也都會有相對應的措施，而想要打倒對方，就要出其不意，打擊對方的弱點，抓住有利時機快速取得優勢，集中主要兵力再實施攻擊。

有一天，在森林裡漫步的驢，無意間聽到蟋蟀在唱歌，馬上就被牠發出的聲音深深吸引，並極為羨慕。牠立即走向蟋蟀，謙虛的向蟋蟀請教：「音樂大師蟋蟀先生，請問你是怎麼發出如此美妙的歌聲？有什麼方法可以學習嗎？還是你吃了什麼靈丹妙藥？」蟋蟀聽到驢子的讚美很高興，但是，牠卻無法回答驢子提出的問題。最後，牠告訴驢子：「我每天都以露水為食。」驢子聽後，非常高興，牠想如果自己每天都以露水為食的話，過不了多久，也能像蟋

蟀一樣發出美妙的聲音。從那天起，驢子每天都只吃露水，每天都憧憬著自己能像蟋蟀一樣發出美妙的聲音。但是沒多久，驢子不但沒有發出牠想要的顫音，反而餓死了。

　　驢子的死在於牠盲目的學蟋蟀喝露水，卻沒有考慮到自己的實際情況，這是驢子的可悲之處。所以，我們不要一味的、盲目的跟隨別人，要考慮自身的情況是否也適合這種方法。

　　對彼此競爭的企業來說，不要採用和競爭對手一樣的策略開展市場，因為你能想到的，別人也想得到。企業在展開競爭的時候，與競爭對手硬碰硬的方法並不可行，相反的，獨闢蹊徑的做法更容易取得成功。所以不要在市場競爭中與競爭對手正面碰撞，應採取迂迴戰術，避開鋒芒，開拓市場新領域。

　　企業應該發揮自己的優勢，就像水避高而趨低，兵避實而擊虛一樣，選擇競爭對手實力較弱的區域進攻。一次好的側翼戰應該在無人競爭的地區展開，應盡量避開對手的強勢。商戰中的競爭不是靠「比」出來的，而是靠企業真正「做」出來的。所以，不要妄想向防守嚴密的對手發動單純的進攻戰，這種方法是行不通的。企業要做的是市場細分，即尋找市場空缺，從競爭對手沒有想到的面向，或者它做不好、較弱的地方下手。這種競爭方式的勝算比較

大，企業成功的機率相對提高。

因此企業要有一個良好的「定位」，而定位最核心的思想是「區隔市場」與「焦點經營」。

任何一個品牌（產品、服務或企業），都必須在大眾心中占據一個特定的位置，形成有別於其他競爭者的價值，並維持自己的經營焦點。「定位」表示一個品牌雖不能以「更好」的表現取勝，卻能夠以「不同於」對手而獲利。

我的建議是：

☆**重新定位**。不要盲目模仿品牌領導者的產品、策略、營銷方式等，因為這正是他們的強項，而是向顧客提供不同的、全新的，甚至是相反的東西，重新定位自身產品的特質。

☆**市場細分**。如果能從品牌領導者的市場中細分出一個子市場而有選擇性的進入，這樣成功的機率會大大提高。

☆**找出自身的優勢**。集中自己有限的資源、資金、力量，等到能夠形成自身優勢，再發揮自己的特長，讓自己在目標區域形成鼎立之勢，擁有核心競爭力，壯大自己的實力。

案例：別出心裁的七喜公司

　　當可口可樂和百事可樂進行可樂大戰時，還有一家公司也捲入了這場大戰，那就是七喜公司。

　　其實七喜汽水只不過是一種普通的汽水而已，它和眾多的汽水飲料一起被淹沒在品牌的海洋中。當時市場上每銷售三瓶飲料中，有二瓶是可樂飲料，為了在飲料市場上占有自己的位置，在1960年代，七喜為自己的汽水精心設計了廣告內容：「清新，乾淨，爽快，不會太甜膩，不會留下怪味道，可樂有的，它全有，而且還比可樂多一些。七喜──非可樂。獨一無二的非可樂。」

　　七喜以「二分法」方式和早在消費者心中紮根的可樂類飲料發生了聯繫，一下子飲料市場被一分為二：一邊是百事可樂、可口可樂等市場所有的可樂型飲料，另一邊是剛剛面世的、非可樂的七喜，在眾多可樂飲料市場上為自己「創造」出一個新的市場。這場非可樂廣告宣傳的結果是：七喜成功了，銷售業績可說是突飛猛進，當年的銷售額成長200%以上，當之無愧的成為世界第三大碳酸飲料品牌。

　　在1960年代裡，不管在政治、休閒還是社會問題上，大家都大做「我們」對抗「他們」的文章。「他們」指的是年老、保

守、落伍的一群，是「披頭四」經常在歌曲中嘲笑的對象；相反的，「我們」則是時髦、新潮、進取、愛鬧愛玩的年輕人，也就是每個星期天在紐約中央公園聚會狂歡的一群。七喜在非可樂的廣告主題中，把可樂定位成「他們」，而把自己定位成「我們」。這是娛樂圈以外，第一個採用反權威立場的商業性產品。

在1968年，一個清涼飲料竟然敢採取如此大膽的立場，是相當革命性的作風。七喜公司不僅提高了知名度，連帶還提升附屬產品的銷售成績。據七喜公司表示，他們在廣告推出後共賣出60000個「非可樂」檯燈，以及2000萬個「非可樂」玻璃杯，購買這些附屬產品的全是16～24歲的年輕人。

這一廣告攻勢的成功，促使七喜決心保護「非可樂」這個名稱，而且在1974年6月20日，原本只是行銷策略口號的「非可樂」終於取得商標地位。兩年後，七喜慶祝美國「非不獨立」兩百週年，在其運貨卡車上漆上「非可樂向非英國兩百年致敬」的字樣。

七喜接著放棄了「非可樂」廣告活動，因為他們認為舊時代已經過去了，必須展開新的宣傳攻勢。例如「七喜隨著美國欣欣向榮」以及「感受七喜」等等，都是七喜新廣告活動的主題。不久，全國掀起一陣運動熱潮，年輕母親們開始擔心咖啡因對他

們子女的不良影響。可樂類飲料的弱點在於它的配料：碳酸水、
白砂糖、磷酸、自然香料和咖啡因。七喜再度調整自己的定位，
很自豪的在廣告中強調自始就不含咖啡因，廣告詞是——從來沒
有，永遠也不會有。「不會含咖啡因」的策略讓七喜汽水大放異
彩。

　　蓋洛普民意測驗公司指出，每十個消費者中就有七個仍然記
得當年由七喜推動的「非可樂」運動。1985年3月，七喜再度推
出當年獨一無二的「非可樂」宣傳口號，但不再採用1960年代的
圖片，也不強調60年代的感受。行銷人員都知道，某些廣告能夠
掌握住當時的時代動脈，而造成一時的轟動，但在以後的幾年當
中，這股熱潮會迅速消退。但毫無疑問的，仍有很多美國消費者
知道「非可樂」就是七喜。

　　在美國清涼飲料市場中，原先由可口可樂穩固的占領可樂市
場的位置，其他品牌毫無插足餘地，但七喜汽水卻創造了「非
可樂」的定位，在宣傳中把飲料市場區分為「可樂」和「非可
樂」兩類型，而七喜汽水屬於非可樂型飲料。這樣就在可樂之外
的「非可樂」位置上確立七喜的地位和形象，使其取得銷售的成
功。此舉令人大開眼界，「七喜」這樣獨闢蹊徑的經營戰略給人
們一個啟示，即使是與大名鼎鼎的知名產品競爭，市場還是大有

潛力的。「七喜」的可貴之處在於，當他們發現按照舊思路行不通時，便及時轉換思路。這一換，就為自己的產品創造了市場，進入另一個新天地。願企業都能學會在市場經濟的大潮中轉換思維方式，換個想法前進市場，企業不景氣的現狀一定會改觀。

〜〜〜〜 致勝關鍵 〜〜〜〜

要獨闢蹊徑，
創造不同於對手的競爭策略。

避免惡性競爭
——從競爭走向競和是經濟全球化的趨勢

《美國大兵作戰手冊》第14條：

When both sides are convinced that they are about to lose，*they are both right.*

當兩軍都覺得自己快輸時，那他們可能都是對的。

戰爭是殘酷的，像這種硬碰硬拚殺的結果是連你死我活都不可能存在的，只可能是兩敗俱傷。市場競爭的悲壯、慘烈與戰場上並無二致。所以，經過三番五次的搏殺，傷痕累累的企業家不得不對「競爭」二字進行深刻反思：與其你死我活，倒不如以謙謙君子之風來個「競合」，惡性競爭的唯一結果是「雙輸」，企業要學會從競爭走向「競合」，創造雙贏的局面。

　　一隻河蚌張開蚌殼，在河岸上曬太陽。有隻鷸鳥正從河蚌身邊走過，就伸嘴去啄河蚌的肉。河蚌急忙把兩片殼合上，把鷸嘴緊緊的鉗住，鷸鳥用盡力氣，嘴怎樣也拔不出來；蚌也脫不了身，不能回河裡去了。

　　於是，河蚌和鷸鳥就吵起來。

　　鷸鳥說：「一天、兩天不下雨，沒有了水，回不了河，你總是要死的！」

　　河蚌說：「假如我不放你，一天、兩天之後，你的嘴拔不出去，你也別想活！」

　　河蚌和鷸鳥吵個不停，誰也不讓誰。這時，恰好有個打魚的人從旁邊走過，就把牠們兩個一齊捉走了。

避免惡性競爭

這是一個大家都很熟悉故事——鷸蚌相爭，漁翁得利。河蚌與鷸鳥鬥爭的結果就是雙雙被捕，在第三者漁人面前牠們誰也不肯退讓，更不用說合作逃出漁人的手心，所以等待牠們的只有死亡。

在商戰中也是如此。在現代市場經濟條件下，單個企業要想進入新的市場，不僅需要巨額的投資，而且可能遇到許多意想不到的限制。此時，走合作之路，會更容易成功，何樂而不為？

在一次記者招待會上，蘋果電腦的總裁約翰·斯特立和IBM的經理庫赫勒簽訂了他們的結盟協議，並且相互拍拍後背以示親密，這一情景曾震驚世界。就像蘋果電腦和IBM一樣，學會從競爭走到競和，將會使疲於奔命的企業現狀柳暗花明。

我的建議是：

1. 孤立自己去跟強大的對手進行競爭是最不值得的，因為那樣只可能是死路一條。

2. 我們所提倡的合作不是沒有條件的，盲目合作只導致失敗。

3. 競合的結果不僅不會降低自己的知名度，反而有利於新市場的開發。

4. 合作的過程中不可以不防備對方，但是更需要的是信任。

　　飛利浦和SONY是電子行業中的主要競爭對手，但他們在光碟的發明和市場化上卻成功的合作了一回。

　　錄影機的出現，無疑是對影碟技術潑了一盆冷水，但是大眾對光碟的興趣倒是漸成氣候，於是電子業界又轉向發展光碟。飛利浦雖然已有光碟原型，卻難保競爭中的領先地位，因為一旦SONY把數位技術和光碟兩者結合在一起，飛利浦可能就要在SONY後面苦苦追趕了。

　　在飛利浦內部，大概要屬歐騰最瞭解為什麼消費型電子產品一定要取得標準規格。如果有十家公司分別投資研究一項新技術，結果推出十個差不多的原型，但是這十種規格可能會有一大堆技術細節無法完全相容，如果這些原型的發明人不去化解這些差異，那麼整個市場，從製造商到消費者，就得作選擇了。經過市場從十種規格裡挑選之後，就會產生九個輸家、一個贏家，有時候連一個贏家也沒有。

　　飛利浦1960年代發明錄音磁帶時，就差一點遭遇這種危機，當時是歐騰大膽提議，讓其他廠商免費享有飛利浦錄音帶的專利，從而免除了一場為求獨占而爆發的競爭。當時，所有的公

司都很歡迎這項提議，因為他們不必繼續為了研究開發而花錢，也不必費力追趕飛利浦的技術。飛利浦的磁帶從此和任何一家廠商出產的磁帶都能相容，一場競爭就此解除。歐騰明白，他必須把飛利浦的光碟推廣為標準規格，但他只不過是個小小的部門主管，沒有權力替代飛利浦作決定。

　　負責光碟開發的范戴克解決了這個難題。首先，范戴克力主飛利浦進入光碟開發和市場領域，其後是尋找一家合作夥伴，簽訂光碟技術開發協議，共同形成光碟標準規格。

　　至於該選哪家日本公司合作，倒不是難題。規模最大、實力最強的消費電子產品公司松下和JVC站在同一陣線上，因為JVC已經開發出光碟技術；而SONY享有良好的品質聲譽和行銷勢力，所以范戴克比較屬意SONY，而且他與SONY董事長盛田昭夫是朋友。他知道盛田一旦相信某個產品的潛力，就會為這個產品赴湯蹈火，希望把產品納為己有。但他不敢直接找盛田攤牌，因為如果他讓SONY知道，飛利浦沒有SONY成不了事的話，那他連一點談判的籌碼都沒有了。

　　范戴克十分清楚SONY有什麼優勢。除了SONY的聲望和盛田的熱情外，SONY的數位編碼技術也很強，尤其是數位校誤技術，這是使光碟音質純淨的關鍵。至於其他技術，包括電子、光學技術

及縮小碟片的技術都是飛利浦發展出來的。這次，歐洲公司好不
容易在技術上占了的優勢，范戴克可不想因為下錯一步棋而把主
控權拱手讓人。

如果直接打電話給盛田，一定會釀成大錯。因此，范戴克玩
了一點遊戲，他用不去拜訪盛田的方法來拜訪盛田。經過精心的
準備和巧妙的安排，范戴克消除了與盛田之間的競爭對立，打破
了光碟標準化的僵局，後來又接二連三舉行討論會議。此後，飛
利浦終於可以大大方方，派個技術代表團去日本展示技術、尋找
合夥人，再也不必畏首畏尾了。

這個代表團把他們的光碟唱機展示給SONY和松下看，這兩家
公司頗為心動，只是還沒下定決心。但范戴克的友好行動已經奏
效，與SONY簽約只是遲早的問題。

1979年，飛利浦又先發制人，以傳統的推銷方式，向國際新
聞界揭開光碟音響系統的面紗，並將之推入市場，幾個月後，
SONY就加入了飛利浦的陣營。當時，飛利浦在鋪著白色桌巾的陳
列桌上，擺著一只外觀與小型錄音機極為相似的盒子，飛利浦的
示範人員把一片閃閃發亮的小型光碟輕輕滑進盒子，桌巾下面擺
的是早先那堆體積有一立方米的電子零件，但在開放參觀以前，
已被小心的藏好了。飛利浦的領隊卡洛索解釋道，利用這種「伎

倆」是商場上的家常便飯：「對所有將來要調整和縮小的電子零件，我們都依此方式處理。我們希望讓參觀的商業人士知道這套系統可以小到什麼程度，所以乾脆把遲早要調整的東西放在桌子下。」

理論上，有十家日本公司角逐光碟標準規格的競賽，外加飛利浦和德律風根，但事實上，是飛利浦和SONY合作對抗JVC，後者也是以生產超高品質的電子消費品著稱，而且備受敬重。當時JVC的工程師做的AHD碟片，其溝紋數目(可儲存資料的密度)已經高於飛利浦和SONY所合製的光碟，而且許多工業專家認為，AHD的音質比較好；此外，JVC與松下的關係也對JVC大有益處。

由於JVC是相當強勁的對手，因此SONY和飛利浦必須趕在1980年5月展示光碟。這是很大的壓力，因為當時剩下不到一年的時間。每次舉行標準化討論會，雙方通常各有八九位工程師參加，兩隊人馬一見面，總要討論幾個小時，甚至幾天，會議室中荷蘭文、日文穿插，工程術語也此起彼落。大家希望鉅細無遺，所以每位工程師紛紛貢獻所長。

這期間工程師的工作都很公開，合作也很密切；兩家公司共享技術資訊，開放曾為機密的技術。一旦獲知對方的設計，就加以發展與測試。卡洛索說：「SONY有提案，我們也有提案，我們

會審查彼此的提案，然後比較各種方法的優勢。」大家同意，所有和標準規格有關的專利權都要有兩家公司發明人的署名。

　　為了建立標準規格，飛利浦讓SONY分享了許多技術的優勢。如果飛利浦沒有提供對SONY的技術協助，SONY就得拚命追趕飛利浦，雖然起先是飛利浦的技術領先，但最後，兩家的貢獻各占一半。如果單打獨鬥的話，兩家公司都需要多花幾年的時間，才能得到相同的成果。

　　1980年5月，日本通產省召開了關鍵會議，當時SONY與飛利浦的工程師尚未完成他們的工作，但他們的展示仍然發揮了很大的作用，終使制定唱片標準規格的通產省放棄JVC的AHD碟片，轉而支持光碟，飛利浦和SONY就這樣靜悄悄的獲勝。

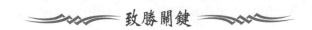

致勝關鍵

從競爭走向競和是
經濟全球化的趨勢。

錦囊 *15*

低調行事
——所謂低調行事並非什麼努力都不做，而是等做好了再說

《美國大兵作戰手冊》第15條：

Don't look conspicuous - it draws fire. (This is why aircraft carriers are called "Bomb Magnets".)

不要太顯眼，因為那會引來對方的猛力攻擊。

這條守則也就是航空母鑑被稱為「炸彈磁鐵」的原因。試想航空母鑑一出現，再差的武器也能被發現。在戰場上，盡量顯示你是一個無關緊要的人，因為敵人的彈藥如果不夠了，他會盡量先打最重要的人。

在進入一個市場但還沒有準備好之前要低調行事，否則會被強大的競爭對手扼殺於搖籃之中。通常對於企業來說，任何新工作都有一段你懂得比周圍人少的困難階段。剛開始每件事情都會比較艱難，但是過了一段時間，最初有壓力的工作就會變得輕而易舉了。

美麗的大森林裡，住著許許多多動物。

有一天，牠們在一起討論「發生火災怎麼辦？」

黑熊走到前面，大聲說：「一旦發生火災，把黃沙撒在火上，火就會熄滅。」

大象甩了甩長鼻子說：「一旦發生火災，我可用鼻子吸水，像消防車的水柱一樣把水噴在火上，火就會熄滅。」

大家選黑熊和大象為滅火隊隊長，如果發生火災，牠們就帶領大家一起滅火。

不遠處的草叢中突然升起一陣煙，火苗直向上竄。大夥兒的眼睛一齊盯著黑熊和大象，黑熊搖搖頭，說：「這裡找不到黃沙，叫我用什麼去滅火呢？」

大象一邊用長鼻子晃來晃去，一邊說：「這裡沒有水，叫我怎麼滅火呢？」

這時，火舌越竄越高，眼看一場森林火災就要發生，大家急得像熱鍋上的螞蟻。突然，一隻猴子抓起一根樹枝，衝入火中，一邊呼喊同伴，一邊拼命撲打大火。大家這時才清醒過來，一齊衝過去幫忙滅火。經過大家的努力，大火終於被撲滅了。

黑熊和大象對猴子說：「你這樣亂撲算什麼滅火法？」

猴子說：「你們兩位剛才把滅火的方法講得頭頭是道，可關鍵時刻你們為什麼施展不出來，不切實際的空談又有什麼用呢？」

最後，大家一致推選猴子為滅火隊隊長。

從猴子的角度看，如果猴子一開始就毛遂自薦或透過其他手段來爭取滅火隊長的位置，或許誰也不會認同牠。可是最終猴子成功了，因為大家都透過實際經驗認清了事實。至此，我們不得不為猴子的做法叫好。

企業剛進入市場，勢力、經驗都相對匱乏，但現實的是，同行並不會因此同情或憐憫這種初出茅廬的小弟弟。不過天無絕人之路，企業雖小，也會有自己的出路，擺好自己所處的位置，做好自己該做的事，上帝就會成全你，因為上帝喜歡這樣的企業。

我的建議是：

1.你的定位時機就在競爭對手的強勢之中，一旦你找到對手強
　勢中的弱點，你的戰略將會威力無窮。

2.當你不如對手強大時，低調也許是你走向成功的捷徑。

案例：低調謹慎的沃爾瑪

　　沃爾瑪的創始人山姆‧沃爾頓，於1945年在美國阿肯色州本頓威爾小鎮開始經營零售業，經過幾十年的奮鬥，終於建立起全球最大的零售業王國。山姆‧沃爾頓曾經被《財富雜誌》評為全美第一富豪，因其卓越的企業家精神，而於1992年被布希總統授予「總統自由勳章」，這是美國公民的最高榮譽。沃爾瑪是全美投資回報率最高的企業之一，其投資回報率為46%，即使在1991年經濟不景氣時期也達32%。雖然其歷史並沒有美國零售業中的百年老店西爾斯(Sears)那麼久遠，但在短短的40多年時間裡，沃爾瑪就發展壯大成為全美乃至全世界最大的零售企業。

　　1991年，沃爾瑪年銷售額突破400億美元，成為全球大型零售企業之一。根據1994年5月《財富雜誌》公布的全國服務行業分類排行榜，沃爾瑪在1993年的銷售額高達6734億美元，比上一年增長118億多，超過了1992年排名第一位的西爾斯，雄踞全國零售業榜首。1995年沃爾瑪銷售額持續增長，並創造了零售業的一項世界紀錄，實現年銷售額936億美元，在《財富雜誌》1995年美國最大企業排行榜上名列第四。2001年，沃爾瑪一躍成為《財富雜誌》公布500大公司的第二名。事實上，沃爾瑪的年銷

售額相當於全美所有百貨公司的總和，而且至今仍保持著強勁的發展優勢。如今沃爾瑪店遍布美國、墨西哥、加拿大、波多黎各、巴西、阿根廷、南非、中國、印尼等。

沃爾瑪在短短幾十年中有如此迅速的發展，不能不說是零售業的一個奇蹟，但是在對外宣傳中，沃爾瑪仍保持一貫的低調和謹慎的優良作風。拿沃爾瑪在中國拓展的例子來說也是腳踏實地，步步為營。

他們進軍中國市場的策略有：

☆**長期準備**。與另一個進入中國的跨國零售業巨人家樂福大張旗鼓的迅速擴張相比，沃爾瑪的中國征途幾乎不動聲色。沃爾瑪猶如一位棋風穩健的圍棋高手，謹慎布子，穩紮穩打。

為了進入中國市場，沃爾瑪曾作了長達六年的準備。早在1992年7月，沃爾瑪就獲得中國國務院的批准，在香港設立辦事處，專門從事中國市場的調查工作，包括中國的經濟政策、官方支持、城市經濟、國民收入、零售市場、消費水平、消費習慣等。這些都為沃爾瑪在中國的發展奠定了堅實的基礎。

☆**選擇深圳**。深圳本來是成不了主戰場的，因為沃爾瑪最早希望進入的是華東地區的上海，在與合作者談判失敗後沃爾瑪，就將中國總部移師深圳。中國零售專家顧國建先生就此分析指

低調行事

出：這一移師使沃爾瑪失去了一個中國最大的城市市場，因為從地理位置上說，上海是最容易進行中路突破（長江走廊）、兩翼齊飛（南下北上）的商業戰略要地。同時，南方地區多為規模較小的供應商，在理念和實力上很難配合沃爾瑪進行全國市場的布局。

在上海受挫後，沃爾瑪選擇深圳的理由是顯而易見的。這個新興的移民城市，集合中國的人才；經濟發達，生活水準相對較高；地理位置上毗鄰香港，與國際市場有著密切聯繫；由於開放較早，其優惠政策完善，法律法規健全；政府的辦事效率很高。

1996年，沃爾瑪在深圳開設第一家購物廣場和山姆會員店（量販店），震撼當地業界，當時有十幾家企業聯手，希望政府介入干預。據有關人士透露，當時為避免樹敵太多，沃爾瑪盡量保持低調，甚至在開業前幾次將商品價格調漲。因此，近幾年，多數人看到的是一個並不可怕的沃爾瑪，幾乎和沃爾瑪同時起步的萬佳百貨一直保持著廣東省最大商業企業的頭銜，但沃爾瑪的真正實力如何，或許只有沃爾瑪自己知道。

沃爾瑪進軍中國採用深圳單點進入，然後全國開展的方式，是一種適應當地環境的發展模式，雖然發展速度慢，但風險較低。沃爾瑪曾經表示在深圳最多開15家店舖，自己在深圳市場便

會達到飽和，因此，沃爾瑪今後的發展重點在深圳以外。可以想像，如果沃爾瑪在深圳過於張揚，很容易引起其他城市零售企業的反感和警惕，在將目標放眼全中國的情況下，沃爾瑪的做法似乎可以理解。

在深圳，沃爾瑪並不想挑起戰爭。在多數人的印象中，沃爾瑪一直在南方活動，而且在對外的宣傳中，沃爾瑪也保持一貫的低調和謹慎。進入中國市場的這幾年中，沃爾瑪把大部分時間花在考察市場及培訓以後在中國發展的管理班底上。在無聲無息之間，沃爾瑪欲編織一面撒向中國巨網的腳步從來沒有停止。深圳之後是東莞、昆明、大連、福州、汕頭，它悄悄地等待著時機。

一位深圳的政府官員估計，1999年沃爾瑪在深圳的五家分店收入達到了一億美元。沃爾瑪自己說，2000年，它在中國銷售價值超過40億美元的商品。沃爾瑪亞洲地區總裁喬伊·哈特菲爾德（Joe Hatfield）聲稱，在中國的分店是盈利的，儘管他不願透露具體數字。在沃爾瑪工作26年的他說：「最艱難的工作已經完成，儘管這並不意味著今後的工作就簡單了。」

從業態分布上來看，進入中國的前四年，沃爾瑪只在深圳開了一家山姆會員店（量販店），而今年則在中國東方和南方的福州和昆明連開兩家山姆會員店。山姆會員店是倉儲式會員制商

店，大包裝、低價位是其經營特色，服務對象以團體、大家庭、小店鋪為主，沃爾瑪在這方面的經營，個中深意不難理解。

　　有了前幾年的準備，從2001年開始，沃爾瑪的發展速度加快便不足為奇。再加上中國加入世界貿易組織和北京申辦2008年奧運成功，未來中國的商業環境無疑將更加開放。因此，在沃爾瑪看來，擴張市場的時機已經成熟，這時沃爾瑪到其他地方開店，也已經有足夠的人才去管理。走出珠江三角洲，加快在中國布點的速度和範圍，無疑是沃爾瑪中國公司今後工作的重點。

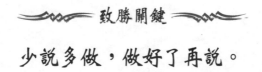

致勝關鍵

少說多做，做好了再說。

錦囊 *16*

審時度勢，捕捉時機
——沒有條件，要學會創造條件

《美國大兵作戰手冊》第16條：

Things that must be together to work ususlly can't be shipped together.

必須要相互配合才能發揮效力的武器裝備通常不會一起運來。

審時度勢，捕捉時機

戰爭是殘酷的，勝敗就在那轉瞬之間，取得勝利的契機可不是你想什麼時候要就什麼時候有的。但它是成敗轉折的關鍵，抓住就可以牽一髮而動全局，以較小的代價取得較大的效果；錯過了，往往會使到手的成果付諸東流，造成「一著不慎，滿盤皆輸」的嚴重後果。

豐收的季節裡，打鐵鋪又將迎接一個銷售旺季。

一家打鐵鋪的生意非常好，鐵匠的心情特別高興，有事沒事便向別人吹牛，老說自己的打鐵功夫非常高明。

「你們看看，要是沒有我精湛的技藝，你們怎麼能夠擁有如此鋒利的器具呢？」

有天晚上，鐵匠出門去了。

爐子、風箱、錘子和鐵砧開始為自己打抱不平。

爐子說：「倘若我停了火，打鐵鋪就不得不關門了。」

風箱接著說：「倘若我停了風，既沒有火，也就沒有打鐵鋪了。」

剩下的錘子和鐵砧同樣敘述了它們在打鐵鋪的功勞。

接下來的日子裡，先是爐子熄火了，鐵匠因沒有防備，停業一天；第二天，修好了爐子，風箱卻「罷工」了，又停業一天；第三

天，錘子掉柄了，不得不繼續停業。

眼看銷售旺季就要過去了，鐵匠也終於意識到了些什麼，但是太晚了。

最後，鐵匠只得關閉了打鐵鋪。

上述寓言中鐵匠自以為憑著本身的技藝就能獲取成功，卻忘記一件事情的成功是由很多因素的配合才得以完成。但是倘若只是等待所有因素一起到來，那麼肯定也是會失敗的。

鐵匠的遭遇在現今生活中無所不見，就如戰場上必須要所有裝備合在一起才能發揮效力的時候，武器裝備通常不會一起運來，「萬事俱備」，還會欠「東風」呢！所以企業家要學會在缺少條件的情況下獲取成功，這就需要企業家在面對條件缺乏時，不僅要為自己重新創造有利條件，還要能夠及時調整方向，尋找能避開這個不利因素的其他出路。在競爭如此激烈的社會裡，時間就是金錢！誰能在第一時間找到出路，誰就能把握住機遇，誰就是最後的勝利者。所以成功人士必須善於審時度勢，捕捉時機，把握關鍵，贏得勝利。

審時度勢，捕捉時機

我的建議是：

1. 管理者在不斷變化的市場形勢下要有先見之明，才能在變幻莫測的市場浪潮中立於不敗之地。

2. 作為一名優秀的領導者要有「月暈而識風，石潤而知雨」的眼力。

案例：創造條件，成就了現代集團

　　1950年1月，韓國現代集團總裁鄭周永把「現代汽車工業社」與「現代土建社」合併為「現代建設株式會社」，共有資產3000萬韓元，並於1月10日向有關部門申請登記成為正式法人。

　　1950年韓戰爆發後，鄭周永又遇到一個機遇：為十萬美軍建築軍營及提供軍需設施。於是，現代建設株式會社大顯身手，與交通部、外交廳簽訂建設合約。同時，針對從美國所運來堆積如山的援助物資急需運轉的情況，「現代」還買下了三艘小型運輸船，在沿海開展運輸業，並正式成立現代商運株式會社。這麼一來，現代企業實際上包括「現代汽車修配」、「現代建設」和「現代商運」三家公司，並隨著每個領域的開發而朝集團化的方向發展。

　　但「現代」的發展歷程也非一帆風順，由於經驗不足、先進設備短缺等因素，失敗降臨了。修復高靈橋工程使「現代」遇到它發展歷程中第一個比較大的挫折。1950年代初期，鄭周永從韓國當局手中獲得了修復高靈橋工程的合約，這是「現代」成立當時所接手的最大一項工程，其工期預計為24個月，預算資金為5478萬韓元，比「現代」在此一年中所承攬的其他項目預算總和

還要多很多。

但是，工程開工後才發現整個工程比造一座新橋還難，工作量極大，而由於設備極其落後，大部分作業只能靠人力，這就不免影響了工作進度。偏偏禍不單行，施工過程中又碰到洪水及通貨膨脹等不利因素。結果一年下來，工程不但沒完成預定進度，反而虧損了7000萬韓元，把「現代」為美軍施工所賺的錢全部賠了進去。

1954年後，物價更像脫韁野馬難以控制，工資也隨之急速增加，這使得「現代」出現資金周轉不靈的窘況。至1954年11月，終於因發不出工人的工資而開始發「代用券」以暫代現鈔，

工人也開始罷工，而此時正值施工最緊要關頭。一直以「信用是企業家的財產」為座右銘的鄭周永，為了信守合約，使工程能在合約期限內完成，願意承擔一切損失。為此，他把企業中幾位關鍵人物召集起來商討對策。他說：「高靈橋工程總不能這樣拖下去呀！事業失敗了，可以再重新來過，而人一旦名譽掃地，就永遠翻不了身了。即使是把我賣掉，我也要讓高靈橋工程按時完工，不能失掉信用。」在他的努力說服下，幾位主要領導者一致決定變賣掉自己的住宅，共得到現金9970萬韓元，全部投入會社，使「現代建設」總資本增至1億韓元，從而使一度陷入絕望

狀態的高靈橋工程重新煥發新的生機。

1955年5月，高靈橋工程終於竣工，艱難的施工條件使得竣工期比合約規定延遲了二個月，同時出現了1000多萬韓元的龐大赤字，這使得鄭周永最終不得不賣掉汽車修配廠和「現代商運」的三條船還債了事。但是，韓國當局對「現代建設」寧肯背負巨大赤字，寧肯債台高築也要保持高靈橋修復工程的品質，他們對現代建設的做法給予極高的評價，表示對他們完全信仕，並授予他們承包政府工程的諸多特權。此後，大批建築工程接踵而來，到1956年工程費已高達5.4億韓元。現代的「信用至上」經營理念終於得到了回報。

1957年夏天，韓戰後韓國最大規模的一項工程「漢江人行橋修復工程」即將招標，這項工程為期八個月，工程費用2.3億韓元。業界人士均知，如能承包這項工程將會名利雙收，各大建築企業如遠東建設、中央產業等都躍躍欲試。可是，內務部不久後公布結果，這些公司均榜上無名，這份榮譽落到了不久前還差點關門大吉的「現代建設」頭上。

由於在高靈橋修復工程中累積豐富經驗，「現代」全體員工在鄭周永出色領導下日夜努力，終於在合約規定期內圓滿竣工，其施工建設品質也無可挑剔。1958年5月，韓國總統及各界人士

出席了隆重的工程竣工剪綵儀式。這一儀式實況透過廣播傳到城鄉各地，使鄭周永及「現代建設」名聲大振，從此成為眾所周知的著名企業。同時，這項工程也使得「現代」獲得極為可觀的利潤，為企業今後的發展奠定堅實的基礎。

自此以後，「現代」開始迅速發展。1964年營業額為16.7億元，1966年猛增到40.6億韓元，1968年首次突破100億韓元大關。鄭周永經過30多年的臥薪嘗膽，終於為他的「現代集團」打下牢固的基礎。

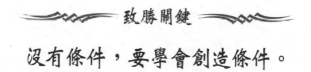

致勝關鍵

沒有條件，要學會創造條件。

錦囊 *17*

要學會小題大做
——簡單的事總是難做到

《美國大兵作戰手冊》第17條：

The simple things are always hard.

簡單的事總是難做到。

要學會小題大做

要學會小事大做，越簡單的事情越容易出問題。戰場上卓越的將領或審時度勢、運籌帷幄，或勢如破竹、氣貫長虹。但煙消雲散之後，後人回眸細細分析，卻發現歷史上許多著名戰役的成敗關鍵，往往在於一些微不足道的小事。因為事情小，所以很容易被輕視或忽略。當今社會，商場如戰場，同等勢力的競爭就是細節的競爭。很多成功的經營者英勇果斷、叱吒風雲、力挽狂瀾，然而最後的成敗往往也取決於一些不經意的細節上。

有一隻聰明的猴子，學起東西來特別快。

有一天，這隻猴子看見一個漁夫正在海邊撒網捕魚。

猴子很好奇，立刻爬到樹的頂端觀察漁夫的舉動。

「挺簡單的嘛！」猴子很得意。中午時分，漁夫回家吃飯去了，將網留在岸邊。

猴子立刻衝過去拿起漁網，模仿漁夫的動作，掄起網就往外拋，由於沒考慮到撒網的範圍，結果把自己罩住，掉進海裡。

猴子一邊掙扎一邊哀歎：「怎麼撒個網也這麼難啊！」

許多看似簡單的事，做起來並不那麼簡單，猴子學撒網就是如此。在企業中也是如此，很多事情看起來很簡單，感覺「小事一

椿」，但實際操作起來就會碰到許多困難。這時就需要管理者的專業管理知識，及豐富的實踐經驗來解決困難，千萬不可輕視小事，結果像猴子一樣魚沒捕著，反倒把自己拖下水。

位於美國賓州的伯利恆鋼鐵公司總裁查理斯·施瓦博曾會見過商業管理顧問李艾維。會見時，李艾維說他能幫助施瓦博把他的鋼鐵公司管理得更好，施瓦博也說他自己懂得如何管理，但事實上公司並不盡如人意。李艾維告訴他，他需要的不是更多知識，而是更多行動，也就是把一些細節做好。我們平常的工作、學習又何嘗不是如此。當今社會，商場如戰場，同等勢力的競爭就是細節的競爭，並且隨著經濟全球化的到來，競爭越來越公開化、透明化、公平化，一筆生意能不能成交，最後的成敗往往也取決於一些不經意的細節上。簡單的事情之所以難以做到，往往就在於我們的輕視。

因此我的建議是：

1. 能從小事中看到大問題，主要靠的是觀察力和理解力，因此企業家必須增強自己的思考能力和理解能力。

2. 企業家對企業中的問題要細心觀察、處處留心，不要視而不見。

3. 要小處著眼，放大細節。

案例：著眼細節，創造台塑的求本精神

　　台塑集團董事長王永慶是一個非常強調細節的老闆，他在長期的經營實踐中，把「求本」作為最高準則，他解釋「求本」就是「點點滴滴追求合理化」，可見，他多麼重視細節。也許大多數管理者認為，企業的高層經營者不應該管理細節問題，但王永慶則剛好相反，他認為細節問題關係重大，如果細節出錯，往往會造成「失之毫釐，差以千里」的惡果。

　　要做好管理工作，一定要從細微末節處入手，由每一項工作中找出問題並設法解決，這樣就自然能夠全盤掌握，進而可以瞭解部屬的作為，也可以向部屬作深入的要求。王永慶認為，在管理還沒有達到相當水準、基礎不牢固的情況下，經營者只顧及大原則的確立是行不通的。有幾個例子可以看出台塑公司對於細節的重視。

　　在台塑的生產所需的物料中，要使用一種閥門，這和台塑經常使用的大批物資相比，可以說微不足道。但生產管理組的成員花了一個多月的時間來研究問題，對申請採購、採用程序、驗收入庫、質量價格和有可能發生的問題等進行了詳盡深入的調查

研究，寫成厚厚的一大本資料，為保證產品質量和生產過程的穩定，還建立了閥門採購制度。

又如台塑要在一座辦公大樓上建立一個菜圃，規劃預算僅為一萬元台幣，但是主管部門還是和處理其他投資計劃一樣一絲不苟，前後共完成了四個報告。在報告中詳盡列舉了種植費用、種植項目、所需人工與設備、成本估算、種植面積和效益評估，王永慶仔細看了報告，才作了批示。

在企業全部工作中，有產品開發、設計製造、銷售服務。每一項工作的每一細節都是企業發展中不可缺少的一環，在台塑的企業文化中，就是依靠這一種思維來運作的。注意企業活動中的每一個細節，即使是單據這樣的小事情，王永慶也要求合理化。1981年，王永慶參與改善台塑的管理制度合理化，與幕僚人員一起審查各種表單。他發現有一種表單的名稱為「製造通知單」，是顧客向台塑訂購產品的訂單，王永慶覺得這個名字不妥，建議改成「訂製通知單」。另外，不但表單的名稱要講究，表單的格式也要檢查，這一欄是否多餘，那一欄是否合用，甚至表單本身有無必要都在檢查範圍之列。1981年，台塑發起通盤表單簡化運動，使原有700多種表單被刪除了一半。

在台塑集團，台塑的求本精神跟台塑制度之細是分不開的，

要學會小題大做

在管理工作中追求點點滴滴的合理化，最後的結果則落在細化的
制度上。

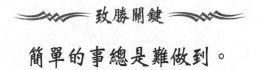

致勝關鍵

簡單的事總是難做到。

錦囊 *18*

以退為進，尋找出路
——管理必須做到有板有眼，
有進有退

《美國大兵作戰手冊》第18條：

Incoming fire has the right of way.

飛來的子彈有優先通行權，擋它的路你就要倒大楣！

以退為進，尋找出路

如果一個士兵眼看著子彈向自己飛來卻不躲閃，你肯定會罵他笨死了。就像在商場上，你遲早會發現自己處於一種需要知難而退的情況下，你所走的研究路線也許是條死胡同，是否應該再多作一次試驗呢？你已經投注了大量的時間與精力在一筆交易或關係上，你已經盡了最大的努力，情況還是愈來愈糟。你已經一再討論、談判、妥協了，但是關係似乎注定要走下坡。要你放棄，你肯定有些捨不得，因為你已經作了太多投資，所以自然傾向不肯放棄，想要再多作一些努力。

在一座小森林裡，有一隻狼成了首領，羊和狗等動物見到狼都害怕極了。

有一天，一隻羊和一隻狗分別撞上了狼，狼不費力氣一一就地解決了牠們兩個。

又有一天，兩隻狗和兩隻羊分別又撞上了狼，經過一番小周旋，兩隻狗和兩隻羊又成了狼的「下酒好菜」。

狼沾沾自喜，成天一副不屑一顧、高枕無憂的樣子。

羊和狗實在是忍無可忍，聚集在一起商量對策，最終決定大家同心協力，一起去找狼算帳。

牠們陸陸續續把狼圍了起來，但狼還是沒有把牠們放在眼裡。

一聲嚎叫，狗正面衝鋒與狼交戰，羊用自己的尖角從兩側及後面扎狼。

狼奮力抵抗，儘管使出渾身解數，最終因寡不敵眾，成了狗和羊的戰利品。

中國的《孫子兵法》說得好：「不戰而屈人之兵，善之善者也。」現代精明的企業家其高明之處在於不與同行作惡性競爭，而是把眼光投在「潛在市場」的開發上，另闢蹊徑，致力於發掘很多新產品、新市場，獨創一片新天地，避開別人已做的熱門生意，來個你進我退，選擇冷門，「攻其不備」而勝。另一方面可以從他人的大動作中尋找破綻「乘虛而入」，創造奇蹟，還可以發現和糾正自己的失誤，揚長避短，棄弊興利。如果有朝一日企業家們都學會了「避免競爭」這一高招，就不會再出現企業內的「行業結構雷同」的過熱經濟，許多企業也不再因追風趨潮而吃盡產品積壓、資金枯竭、瀕臨倒閉的苦頭。當你有理由相信不管你多麼努力都沒有勝算時，立刻退出，別耗費資源在一場沒有勝算的比賽中。

對此我的建議是：

1. 以「退」為「進」，關鍵還是在於「進」，「退」只不過是
   個幌子。

2.獨樹一幟的創造能力是領導者必須具備的因素之一。

3.應對激烈競爭及急劇變化的環境，最佳方法是將組織建立在時間考驗的理論上。

4.高明的領導者可以四兩撥千斤，平庸的領導者即使手下強將如雲也會感到無從應付。

案例：吉列以「退」為「進」搶占市場

　　當初，吉列生產出它的專利產品，然而市場反應冷淡，因為這個領域裡已經有許多同類產品。對於多年來經營刮鬍刀片的老企業來說，吉列無非是一個剛剛進入的模仿者罷了。

　　吉列公司創始人金·吉列超乎尋常的地方，就是他特別重視市場調查與研究。透過對「熱門市場」中「冷門」的捕捉使自己成為「特別的模仿者」是他的拿手絕活。

　　在一般人看來使用刮鬍刀是男性的「專利」，但吉列卻不這樣認為。透過市場調查，他發現全美有6000萬30歲以上的婦女要定期刮體毛，然而她們卻沒有專用剃刀，這難道不是一個市場「冷門」嗎？於是，吉列公司針對這一「冷門」開發一種適合女性特點的「剃刀」，產品很快暢銷國內及國際市場。

　　市場競爭固然是資金和技術的競爭，更是信息情報和決策者智慧的競爭。吉列捕捉市場信息，尋找市場「冷門」，填補市場空缺，為企業掙得一片生存發展的空間，這得力於他精明的頭腦、敏銳的洞察力和逆向思維方式。

　　另外，金·吉列發現：當刮鬍子成為一種平民消費後，原來針對上流階層的產品價格卻沒有下降到老百姓能夠接受的價位。當時，許多發明者設計了一種自行操作的「安全剃刀」，然而卻

賣不出去。原因很簡單，去理髮店剃鬚只花10美分，而最便宜的安全剃刀卻要花5美元，這在當時可是一筆大數目，因為1美元就是高工資者一天的薪水。比較起來，吉列的安全剃刀並不比其他剃刀好，而且生產成本也更高，但是吉列剃刀並不以「出售」剃刀為主，實際上他貼本錢把剃刀的零售價定為55美分，批發價定為25美分，這根本不到其成本的1/5。但是，他設計的剃刀只能使用其專利刀片，每個刀片的製造成本不到1美分，他卻以5美分出售。由於一個刀片可以使用6～7次，因此每刮一次臉所花的錢不足1美分，或者至少不到去理髮店所花費用的1/10。

吉列成功的關鍵是創意、專利權和製造刮鬍刀片的機械方法，即「一種分離式的、既薄又具有彈性的刮鬍刀片，刀片可以不定期更換。新刀片瞬間就可裝上，刮時不但不會傷及皮膚，而且舒適無比」。吉列所做的，是客戶想買的，即是為「刮臉」的金額來定價，而不是給廠商所銷售的東西定價。結果，吉列的顧客所支付的費用可能要比花5美元購買其競爭者的刀片更划算。

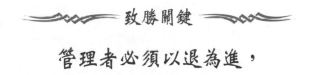

致勝關鍵

管理者必須以退為進，
尋找出路。

任何的疏忽和不負責任都會受到懲罰
——世界上從來沒有萬無一失的事

《美國大兵作戰手冊》第19條：

No combat ready unit has ever passed inspection.

從來沒有一支備戰的軍隊能夠通過校閱。

當你從電影裡或者電視劇裡看到士兵排列整齊，動作一致時，千萬別以為他們在戰場上絕對萬無一失，無懈可擊。世界上並沒有絕對的事，也從來沒有萬無一失的事。你的員工或你的計劃或多或少總存在劣勢和弱點，要仔細審查！記住這一點，你將減少面對失敗的機會。

有一天，貓在森林裡碰到一隻狐狸。貓認為狐狸非常聰明能幹，富有經驗，受人尊重，於是親切的對狐狸說：「您好，親愛的狐狸先生，身體好嗎？過得怎麼樣？」

狐狸非常高傲的把貓從頭到腳打量了一番，過了好長時間不知道自己該不該回答。最後牠才說：「喔！是你呀！可憐的大鬍子，你這個長著花斑的傻瓜，你這個老挨餓、只會逮老鼠的傢伙，你憑什麼問我過得怎麼樣？你學過什麼了？你有多少種本領？」

「我只有唯一的一種本領。」貓謙虛的回答。

「什麼本領？」

「要是獵狗在後面追上來了，我能夠跳到樹上，保住性命。」

「就這麼點本領？」狐狸說，「可是我精通一百種本領，外加一只裝滿計謀的智囊。我真可憐你。這樣吧！你跟我走，我來教你怎樣對付獵狗吧！」

正在這時，來了一個獵人，還帶著四條獵狗。貓馬上敏捷的跳上一棵大樹，飛快的爬到樹頂，鑽進大樹的枝葉中躲了起來。

「快打開你的智囊，狐狸先生，快打開你的智囊呀！」貓對狐狸大叫道。但是狗已經抓住了狐狸，而且抓得牢牢的。

「唉，狐狸先生呀，」貓叫道，「你徒有一百種本領。要是你能跟我一樣爬上樹來，那也不至於送了命呀！」

狐狸縱使精通一百種本領，外加擁有一只裝滿計謀的智囊，最後還是死在獵狗的利爪之下。世界上從來就沒有一支備戰的軍隊能夠通過校閱，也從來沒有萬無一失的事。「不怕一萬，只怕萬一」說的也正是這個道理。管理者最忌諱自我麻痺，老是自我感覺良好，覺得「萬事俱備」，最後卻冷不防栽了個跟斗。

我們不得不承認，狐狸的確很聰明，可是到了緊要關頭，由於牠的自以為是而掉以輕心，結果連考慮如何應對的機會都沒有就被獵狗抓住了。而貓儘管只有一種本領，但這個本領對貓來說，已經足夠讓自己逃命了。因為牠不僅掌握了獵狗的行動，對自己的優缺點更是瞭如指掌，才能「知己知彼，百戰不殆」。這裡當然不是說管理者只要有一種技能就行了，而是告誡管理者要有貓這種審時度勢的本領，以「不變」應「萬變」的管理能力。

你的員工或你的計劃或多或少總存在弱點，作為管理者，自己要十分清楚，並且知道如何揚長避短來解決棘手的問題。只有這樣，管理者才能減少面臨失敗的機會，才能使你管理的企業有立足之地。

我的建議是：

1.金無足赤，人無完人。管理者如此，企業也是如此。

2.任何的疏忽和不負責任都會受到懲罰。

3.沒有萬無一失的事情，管理者要仔細審察後再作決定。

4.一名優秀的管理者要具備隨機應變的能力，面對突發事件，
　要鎮定自如，妥善處理。

案例：巨型跨國企業聯合碳化物公司的衰亡

　　美國聯合碳化物公司是一家巨型跨國企業，創立於1934年，曾在世界500家最大工業企業排名第89位，是世界上第四大化工企業，卻因為對檢測裝備的疏忽，導致有毒氣體洩漏，造成20世紀最大的一起工業慘案，這個巨型跨國公司從此一蹶不振。

　　1984年12月2日23時，在印度博帕爾市郊的一家美國聯合碳化物公司的農藥廠裡，一名維修工人發現貯存45噸甲基異氰酸酯的3號地下貯罐溫度壓力出現異常上升，這位工人試圖透過手工操作減壓，但由於罐內的壓力太大未能成功。次日零時56分，一股濃烈酸辣的乳白色氣體（即甲基異氰酸酯氣體）衝出安全閥直噴33米以上，刺破了博帕爾寧靜的夜空。當時農藥廠裡有120名夜班工人，由於缺乏必要的安全措施，束手無策，繼而四處逃命。4名搶修工人頭戴防毒面罩趕赴出事地點，但為時太晚，以致種種努力都以失敗告終。

　　毒氣首先在廠區上空形成一個巨大的蕈狀氣柱，然後隨著風向四周迅速擴散。刺耳的警笛聲引起人們的慌亂。附近居民都湧向街頭，人們以為發生了火災，因為他們從來沒受過任何有關的防護訓練，所以不知道該怎麼辦。接著毒氣經過毗鄰工廠的兩個

城鎮，數百人在睡夢中死去。毒氣又迅速蔓延到火車站，候車旅客和流浪漢中很快又有10多人死亡，其餘數百人也都昏倒在地。毒氣以超過安全標準1000倍的超高濃度像惡魔一般悄然無聲的擴散到商店、寺廟、街道和住宅區，很快的，博帕爾變成了一座巨大的毒氣庫。

伴隨著毒氣的不斷擴散，博帕爾市70萬居民中有20多萬人漫無目的地在寒冷的夜色中四散奔逃。毒氣刺傷了人們的眼睛，許多人呼吸困難。為了能呼吸到新鮮空氣，人們紛紛擁上街頭。他們哪裡知道那樣更糟，咳嗽聲、嘔吐聲、哭叫聲連成一片；成百上千的人在徒勞的奔逃中紛紛倒在路旁，再也沒有起來。老弱婦孺及那些雙目失明的人被因絕望而瘋狂逃跑的人們撞倒、踐踏，死亡者不計其數。整個博帕爾市區，屍橫遍地，疏散的居民也都無法繼續工作與生活。

12月4日，就像經歷一場惡夢一樣的博帕爾市，雖然幢幢樓房完好無損，但到處都是人和牲畜的屍體，變成了一座恐怖之城，慘不忍睹。政府不得不出動軍隊，用吊車來清理現場。僅僅一個星期，單患眼疾的人數就增至15萬人之多，大部分死者都是因為肺部積滿毒氣而當場死亡。在這次災難中，中毒人數達20多

萬人，10多萬人終身殘疾，5萬人雙目失明，3000多人死亡。對於死者來說，他們經歷了短暫而又悲慘的痛苦就離開了人間，而對於那些可憐的倖存者來說，悲劇、痛苦才剛剛開始。成人們喪失勞動能力，孕婦大多流產、產下死嬰或畸形怪胎。博帕爾被人們稱為「死亡之城」。

這是一起震驚世界的毒氣洩漏事故，是有史以來最嚴重的一次工安事故，造成無法估計的損失。從12月3日起，至少持續一個星期，博帕爾和聯合碳化物公司的名字占據世界幾乎所有國家傳媒的顯要位置。博帕爾這個名不見經傳的城市因為遭受了最悲慘的厄運而聞名全球。慘痛的教訓讓人類留下了不可磨滅的記憶。事後，印度政府向聯合碳化物公司索賠139億美元，導致這家大公司在成立50週年之後一蹶不振。

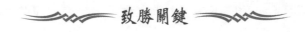

致勝關鍵

要仔細審查再作決定，因為
世上沒有萬無一失的事。

錦囊 **20**

不可輕視資金周轉的重要性
──要想取得最後的勝利，
必須有充足的資金

《美國大兵作戰手冊》第20條：

If you are forward of your position, the artillery will fall out.

每當你要攻擊前進時，卻往往也將用完炮彈了。

戰爭發生的時候，我們往往想方設法，用盡力量全力拚殺，只是到了戰爭快要結束時，我們才突然發現即將彈盡糧絕了，再想保存實力已經太晚了。企業管理也是如此，對企業家來說，你經常會發現，當急需要完成某件計劃時，手中卻缺乏必要的手段和資金。所以企業家要想取得最後的勝利，必須保證有充足的資金周轉。

傳說鯉魚跳過了龍門變成龍，於是很多鯉魚躍躍欲試。

有一條鯉魚發現牠比一般的鯉魚跳得高。有一天，牠建議：「咱們能不能舉行一個跳高比賽，看誰跳得最高，這樣我們就可以派牠去躍龍門了。」 大夥兒聽了覺得很有趣便一致同意。

比賽結果出來了，這條鯉魚得了冠軍，理所當然大夥兒選了黃道吉日讓牠去躍龍門。

得了冠軍之後，這條鯉魚非常興奮，每每見到同伴就使出全身的勁跳一跳。

躍龍門的日子終於來了，所有的鯉魚紛紛跑來助陣。

冠軍鯉魚面對急流險灘，非常自信，長吸了口氣，然後用盡全身力氣縱身一躍。

只聽見「啪」的一聲，冠軍鯉魚摔了回來。

不可輕視資金周轉的重要性

大夥兒跑去一看，原來因為牠老在同伴面前炫耀，結果勞累過度，脊椎骨摔斷了。

鯉魚想躍龍門成為龍確實是件好事。寓言中的冠軍鯉魚的確是條優秀鯉魚，可是到了躍龍門的關鍵時刻卻力不從心，結果活活的摔死了。

在關鍵時刻出現問題已是屢見不鮮，這時就要看你有沒有能力挺過去。有的企業通常在發展高峰期卻因缺乏資金周轉而宣告破產。

在美國歷史上，曾經第一個創造「折扣營銷模式」的第三大零售集團凱馬特（K-Mart），就是因現金周轉不靈從而失去供應商的信任，於2002年1月22日宣告破產。一個擁有105年歷史，資產高達163億美元的凱馬特就這樣倒下了。現在很多企業已經意識到這個問題，「資金周轉第一」得到大多數企業家的認同。企業一定要有足夠的資金周轉，因為產品推出後就產生了銷售行為，但如果現金沒有回來，雖然可以計算銷售收入，也可以計算利潤或稅收，但沒有現金支持。沒有現金的支持，利潤數字就好比櫥窗裡製作逼真的食物模型，只能看、不能吃，一點用處也沒有。

可見，沒有把握好關鍵時刻將永遠喪失生還的機會。

對此，我的建議是：

1.企業發展迅速是可喜的，但要考慮企業的資金周轉能力。

2.在關鍵時刻，資金的缺乏很可能會把一個巨大的企業拖垮。

案例：沃爾瑪艱難度過負債難關

山姆‧沃爾頓總是不願意放棄任何一次發展機會，希望盡快擴大沃爾瑪的事業版圖。但是每次經歷重大事件時，資金周轉不靈總是令山姆‧沃爾頓尷尬不已。

1960年代初期，沃爾瑪發展很快，山姆從達拉斯共和銀行的吉米‧瓊斯處貸款100萬美元，同時廣泛吸收其他投資者的資金，包括商店經理和親友。所以，不久就有78名投資者投資沃爾瑪公司了。事實上，沃爾瑪已經成為一家由32家商店組成，由許多不同的人所共同擁有的公司。但是，沃爾瑪家族仍然擁有每個商店的絕大多數股份，在控制著沃爾瑪公司時，山姆一家也必須肩負數百萬的債務，這讓山姆感到壓力很大。當山姆還是小孩時，負債的生活一直讓他難以忘懷，因此，山姆迫切希望能盡快還清債務。

但是山姆最害怕的事情還是發生了。

1969年8月，由於發展過快，沃爾瑪的資金嚴重短缺。同時，山姆的主要債權人由於對沃爾瑪沒有信心，紛紛要求山姆還貸款，這對沃爾瑪而言，無異是釜底抽薪。山姆陷入了前所未有的困境，要想擺脫危機，就要在短時間之內籌到一筆巨款用以還

債。對此，山姆絞盡腦汁。

這時，還是山姆的朋友吉米救了他。吉米當時是達拉斯銀行的董事長，馬上要上任國家商業銀行總裁。在他離開達拉斯前往新奧爾良接任商業銀行總裁之前，曾經給了山姆一個在達拉斯銀行的高額貸款限度。因此，山姆這時應該可從這家銀行貸得150萬美元救急。

可是達拉斯銀行卻不肯貸給他，畢竟吉米已經不在其位了。山姆只好打電話到新奧爾良請求吉米幫忙。

找到吉米後，山姆立刻像和親人久別重逢的孩子一樣，從暴跳如雷一下子變得軟弱無助。他在電話裡幾乎要哭出來了：「吉米，我該怎麼辦哪？」

山姆是一個很好強的人，而此時的他，卻感到孤立無助、毫無辦法，用吉米的話來說，「他真是到了四面楚歌的地步」。吉米無限感慨，對這位落難英雄大喝一聲：「那就駕著你的『男爵』號飛奔我這兒來吧！」

當山姆走進吉米在新奧爾良的辦公室時，一張無擔保借據已經靜靜的躺在他的辦公桌上恭候多時了，吉米把它推到山姆面前，用手指了指「貸方」後的空白。山姆從老朋友處看到了熱情、信賴、支持和撫慰，儘管山姆當時未發一言，但一股熱流已

從他的心底湧出。

　　山姆在空白處簽下了他的名字：山姆・沃爾頓。他借到了150萬美元，這時的山姆就好像得到了重生一樣。

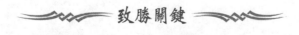

致勝關鍵

資金充足，將減少經營
企業時的後顧之憂。

要不斷改善資源建設
——將資源做合理、有效的配置

《美國大兵作戰手冊》第21條：

If you are short of everything except enemy, you are in combat.

如果你除了敵人不缺，其他什麼都缺，那你就要面臨作戰了。

要不斷改善資源建設

對於士兵來說，什麼武器都沒有，只有敵人，那將是非常可怕的情境，等待他的也只剩下失敗，死路一條！對於管理者來說，「敵人」都在暗處，是不容易看見的。所以千萬不要將自己陷入孤立的境地，要在平時作好企業資源建設。

一座崢嶸的石崗和一片窪地做了鄰居。

石崗居高臨下，見多識廣，擺著大架子，自以為很了不起，可是誰都不願和它接近，它感到有點寂寞。

石崗的一左一右有兩條小河，兩條年輕又活潑的小河。它們一面打著轉兒走著，一面輕歌慢舞。石崗看了就想：它們要是能停在我的腳下和我做伴，那就好了。

於是它對左邊的小河說：「小河呀，停下來！我很寂寞，你來和我做朋友吧！」

「不。」左邊小河打一個轉，揚起一朵小浪花說：「我高攀不上，我不想和你做朋友！」

石崗又轉過頭來和右邊的小河說：「小河呀，停下來！我很寂寞，你來和我做朋友吧！」

「不。」右邊的小河也打一個轉，調皮的說，「你那麼偉大，我怎麼高攀得上！」

左右兩條小河急急忙忙離開了石崮，卻往窪地裡奔去。

窪地沒有用任何話表示歡迎，而是用它整個胸懷迎接兩條小河。兩條小河都停留下來，和窪地做了親密無間的朋友，不久窪地就變成了一個湖，魚蝦到這裡來居住，青蛙到這裡來唱歌跳舞，連天上的白雲，也常飛到這裡來映照自己美麗的影子，戀著湖水不願意離去。這裡是多麼富饒又美麗呀！

石崮看了，既不理解，又很生氣：「難道我不好嗎？為什麼它們都紛紛離開我，去和窪地做朋友呢？」

可是事實就是這樣：窪地一天一天的富饒起來，而石崮卻永遠是那驕傲又孤單的老樣子。

看到寓言，不禁讓我們想起了曾經大紅大紫的蘋果電腦公司。在市場的寵愛和吹捧之下，蘋果電腦公司陶醉在成功的喜悅之中，但他們自恃科技實力的領先地位，卻忽略了與顧客的溝通，拒絕與同行合作，拒絕開放其產品標準，公司內部管理混亂，資源嚴重浪費，致使自己成為市場的孤軍，獨自一人與IBM及其眾多的追隨者奮戰，結果在與IBM及其同盟軍的競爭中以失敗而告終。這種經驗教訓的確很值得管理者借鑑。當今市場日趨成熟，競爭越來越激烈，一味孤軍奮戰，肯定會一敗塗地。因為，如果你除了敵人不缺，其他

什麼都缺，那麼「戰爭」就會離你越來越近了。

　　對此我的建議是：

1.管理者要經常調整企業資源配置，使其更有效的發揮作用。

2.矩陣組織能夠彌補對企業單一劃分帶來的不足，而把各種企業劃分的好處充分發揮出來。

案例：郭士納帶領藍色巨人大翻身

「無論是一大步，還是一小步，總是帶動世界的腳步。」
這是IBM公司向世界許下的諾言。《時代週刊》雜誌曾經撰文談
道：「IBM的企業精神是人類有史以來無人可以匹敵的，它像一
支數量龐大、裝備精良而又組織嚴明的集團軍，浩浩蕩蕩挺立於
世。沒有任何企業會對世界產業和人類生活方式帶來如此巨大的
影響。」創業80年來，IBM在全球159個國家和地區，曾為上萬家
企業作過信息服務。

可是到了1990年代，由於外部激烈的競爭以及IBM內部本身
存在的一系列問題，IBM面對瞬息萬變的市場，逐漸失去了往日
的光環。組織結構的不合理以及官僚化的管理模式，已經不適應
市場的發展了。IBM正面臨英特爾、微軟的嚴峻挑戰。

就在關鍵時刻，郭士納這個看似外行人的內行，扭轉了這種
危機。1993年4月1日，郭士納正式接任董事長兼CEO，他一反IBM
不裁員的規定，半年內就果斷裁掉4萬5千人，徹底摧毀舊的生產
模式，削減成本，調整企業結構，重新規劃企業資源建設。

郭士納首先對IBM組織結構機制進行重大改革。透過使各分
支單位成為利潤中心而使組織結構分權化，發展出網狀組織，進

行層級縮減、組織扁平化，使每個成員都發揮專業能力。就如同將IBM從「一艘戰艦」轉變為「一支艦隊」一樣，以便能更靈活的適應市場變化。

　　以往在IBM的傳統組織裡，公司各部門都各自為政，只管分內的事，每個部門都想爭取更多的資金，以增加自己的影響力，而忽略了消費者的需要。以IBM中西部總公司的情況為例：該公司原有銷售、營銷、生產、研究開發、財務等部門，分別向三個副總裁負責，各部門間互不往來；銷售和營銷部以客戶的大小作職責的區分，這兩個部門下的各個小組，分別負責1000人、500～1000人、200～500人、100～200人以及100人以下各種不同公司規模的客戶，每個小組的目標是在指定的責任區內，爭取最多的客戶。

　　然而，這種組織結構造成了許多問題，主要有三方面：一、訊息混淆。同一家客戶，可能收到不同的DM，傳達不同的訊息；二、內容資源浪費。每個小組都準備一套接觸客戶及潛在客戶的方法和資料；三、外部資源的浪費。廣告代理商接受不同小組的簡報，每個小組對自己的營銷是否良好都有不同的看法，這樣一來，廣告公司卻往往成了幫助調節IBM內部溝通的管道。

　　變革後的IBM，重新做部門劃分，使其組織結構形成活絡的

立體網路，既按地域分區，如亞太區、中國區、歐洲區等，又按產品體系劃分事業部，如PC、伺服器、軟體等事業部；既按照銀行、電信、中小企業等行業劃分，也有銷售、訊息管道等不同的職能劃分，將所有既相關又不可分割的部門有秩序的結合。

其次，郭士納將IBM帶入了全新的網路世界，儘管亞馬遜和雅虎占盡了網路優勢，但郭士納還是在短時間內靜靜的超越了他們，成為資訊時代一個主要設備供應商。

三年前，IBM開始透過網路向12萬個供應商支付貨款、發訂單、收發票，所有交易行為都是透過網路來完成。現在，IBM公司做生意，就不需要特殊軟體或費用昂貴的增值網路系統，只要一台裝有瀏覽器的電腦、一個網路服務供應者就足夠了。

網上採購促使成本銳減，網路的簡易性使IBM和供應商大大節省成本開支。郭士納估計，節省的費用達到數十億甚至上百億。網路的真正價值在於它能讓IBM和供應商共同合作，並利用他們的專長。郭士納認為：「當供應商有時間投入自己的專長時，我們就常常能夠節省開支。在此之前，我們很少有時間去合作和溝通，我們的時間常常是很緊迫的。有了網路，時間可以縮短很多，需要3～4周完成的工作，現在3～4小時就可以了。」

網上採購也促進雙方共同合作。網路使IBM在計劃安排上能

與供應商共同合作。如果IBM想增加某一種產品的產量,它透過
網路就能檢查零組件供應商的生產情況,瞭解供應商是否有能
力增產。網路正成為IBM公司同時管理不同層次供應商的重要工
具。以IBM的簽約製造商為例:IBM把預測需求量和採購訂單,發
送給它的印刷電路簽約製造商,同時也把這些需求信息發送給所
有的零組件製造商,而零組件製造商就直接將零組件供應給簽約
製造商,節省與各層次供應商之間的溝通往來時間。

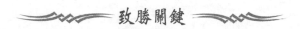

致勝關鍵

將公司資源做合理、有效的
配置,強化公司的競爭力。

錦囊 22

掌控不可預測的事件
——研究競爭對手的戰略，採取不同的競爭策略來應對

《美國大兵作戰手冊》第22條：

Professional soldiers are predictable but the world is full of amateurs.

專業士兵的行為是你能預測的，可惜戰場上業餘的士兵占大多數。

掌控不可預測的事件

在 戰場上，和敵人拚殺的士兵並不一定都受過專業訓練，他們當中很多是因為戰爭的需要而臨時被徵召的，上戰場之前可能都來不及受訓，就直接上戰場了。面對這些業餘的士兵，是不能用一個專業士兵的行為來要求他們的，專業士兵有一定的組織性和原則性，都是絕對服從長官的，所以，可以根據同樣是專業士兵的行為，去預測敵方的專業士兵的行為。但不能把一切理所當然的事套用在戰場上，因為，你大部分的對手是業餘的，他們沒有軍事上的專業理論和訓練。所以，在真正作戰時，他們會根據自己的實際情況，考慮各種因素來採取他認為好的相應措施。這些措施可能會千差萬別，使你根本無法預測到。

有一天，一頭驢和一隻狗一起外出趕路，突然，牠們發現地上有一封信。驢子走過去撿起來，這是一封密封好的信，驢和狗都非常好奇，於是，驢撕開信封，展開信紙，並大聲朗讀。信裡談到飼料、乾草、大麥以及糠麩。狗聽到驢子讀的這些很不舒服，不耐煩的對驢說：「朋友，快讀下去，看有沒有提到肉和骨頭。」驢子將信全部讀完後，仍沒有發現信中提到狗所想要的東西。狗就說：「把它扔了吧！朋友，都是些沒有用的東西。」

　　對於寓言裡的驢來說，這是一封很棒的信，因為裡面有它喜歡的飼料、乾草等，但是對於狗來說卻沒有興趣，因為裡面沒有提到肉和骨頭。可見，同樣的一封信，對於不同對象有不一樣的看法。

　　當今市場，一個企業獨霸某行業，無一競爭對手的情況早已不復存在。在激烈的市場競爭中，對於每一個在其中參與競爭的企業，都要面對眾多的競爭對手。這些競爭對手可能是實力較強或實力相當的企業，也可能是實力不如自己的企業，這意味著企業要面對來自各方面的進攻和挑戰。由於競爭對手是一個動態的群體，所以市場競爭者們所採取的競爭策略不一而足，這是由企業自身實力、目標、盈利手段等不同造成的。那麼如果要各個殲滅，就必須針對每一個不同的進攻對手採取不同的策略。

　　這些實力不同的企業，在戰略戰術上無不針鋒相對，企業必須大膽、勇敢的投入競爭，以競爭對手為中心，觀察不同競爭對手的動向。因為，競爭者所表現出的任何行為，都包含著一定目的，都表明了競爭者對市場和消費群的認識及研究結果。在充分瞭解、研究競爭對手之後，企業根據自身的實力對品牌、市場進行重新定位。依據對手的營銷戰略，可以採用防禦、攻擊側翼以及游擊戰的方式來實施營銷戰略，並在執行的環節制定適當的執行策略，使得市場上不同的企業都具有不同的角色定位，謀取各自的合法利益。這樣，既能避免盲目的商戰，又能節省資源。

對此我的建議是：

1. 瞭解競爭對手的實力、市場的占有率、品牌力量以及在市場
   上所占有的位置。

2. 研究競爭對手可能採用的進攻策略。

3. 在充分研究競爭對手的競爭手段後，施展各種有針對性的競
   爭策略，和對手在市場上展開搏鬥。

案例：加拿大肉品罐頭公司的策略

　　加拿大幅員遼闊，無垠的牧場和成群的牛羊是其境內一大景觀。加拿大肉品罐頭公司就是在這樣發達的畜牧業基礎上發展起來的。加拿大肉品罐頭公司是加拿大該行業中最大的公司，擁有12萬名員工，年銷售額達268億美元。

　　公司專門設立了研究實驗室，致力於生產效率的提高和新產品的開發、研究工作。當別的肉品加工公司一味投資擴大生產規模時，加拿大肉品罐頭公司卻把相當的資金投入研究工作。利用研究實驗成果，公司進入了合成維生素、合成洗滌劑、奶製品等新的領域。同時，實驗室還發明了自動屠宰線，使加拿大肉品罐頭公司成為加拿大第一家實施自動屠宰的公司，大大降低了成本。此外，實驗室還針對專家關於家禽消費量將上升的預言著手進行家畜飼養、加工的研究工作。

　　事實證明，加拿大肉品罐頭公司設立研究實驗室是一步搶先妙棋，它使公司在企業發展戰中穩固的保持先機，始終領先其他加拿大肉品加工公司。

　　進入1950年代，加拿大平均家禽消費量大幅成長，而且還繼續呈上升之勢。當別的家畜肉品加工公司忙於開發家禽業時，加

掌控不可預測的事件

拿大肉品罐頭公司已應用實驗室所提供成熟的技術和設備,開始大規模從事家禽飼養、家禽肉類加工、羽絨製品的工業化生產。1950年代末,加拿大肉品罐頭公司共擁有四個獨立的業務部門:肉食品部、罐頭與冷凍蔬菜部、飼料與肥料部以及日用消費品部。公司45%的銷售額來自畜肉以外的產品。

此外,為公司帶來了巨大利益的研究實驗室繼續受到重視。在1960年代這10年當中,經過不斷投資擴建,加拿大肉品罐頭公司的研究實驗室已成為加拿大最大的私營食品研究機構。其眾多的新發明和新技術源源不斷的被應用到生產第一線。可以說在加拿大國內市場,加拿大肉品罐頭公司的地位牢不可動,其他肉品加工公司只能望其項背。

但在國際市場上,從1980年代起,來自澳洲、紐西蘭和其他第三世界國家的畜肉食品公司向加拿大肉品罐頭公司下了強烈的挑戰書,它們的殺手鐧就是「廉價」。

由於加拿大是發達的工業化國家,所以其勞動成本居高不下,家禽家畜的價格也高於第三世界國家,肉類加工食品的價格自然也處於高價位。在加拿大政府的貿易壁壘政策保護下,廉價的國外肉食品無法在加拿大與加拿大肉品罐頭公司展開競爭,但在廣闊的海外市場上,它們卻壓倒了加拿大的肉食品罐頭公司。

　　為了在國際市場站穩腳步，加拿大肉品罐頭公司把產品價格一壓再壓，但國內牲畜價格卻一再提高。這樣一來，畜肉食品的原料價與成品價之間的差價越來越小，使得公司利潤下降。1980年代，公司連續三年的收入成長小於1%。

　　面對國際競爭中的價格劣勢，加拿大肉品罐頭公司決定以技術優勢為盾，抵擋其他國家肉品公司銳利的價格之矛，以維持其在國際市場的地位。公司增加了研製經費，對肉食品進行好幾道程序的深加工，力求以質量吸引顧客、擊敗對手。公司在廣告攻勢中提出了著名的口號：「我們的武器是價值，別人的武器是價格。」這一招果然奏效，歐美諸國那些講究生活質量的中產階級成為加拿大肉品罐頭公司肉食品的忠實顧客。現在肉食品利潤雖然不足公司利潤的一半，但其銷售額卻占公司銷售總額的2/3。

　　在維持傳統的畜肉食品加工業的同時，公司還對盈利部門，如非食品部門、動物飼料部門、家畜業部門投入巨資，以求加快利潤增長。1984年，公司投入2億美元開始一項為期4年的振興計劃。該計劃包括：開辦海上養魚場以發展漁業；對非肉類食品加工、沙拉油、藥品等行業擴大投資；重點發展家畜業；壓縮鮮畜肉業務；購買煉油廠以躋身石油工業。

　　進入1990年代後，加拿大肉品罐頭公司把注意力轉向美國。

隨著北美自由貿易區的成立，美國政府取消了對加拿大畜肉食品的禁運性關稅，為加拿大肉品罐頭加工公司敞開了美國市場的大門。一向善於捕捉機遇的加拿大肉品罐頭公司當然不會放過潛力巨大的美國市場，公司實驗室早已開始針對美國人的口味研製新型畜肉食品。

　　加拿大肉品罐頭公司的成功在於，面對不同的競爭對手採取了不同的策略。面對國內的企業，設立實驗室，領先競爭對手；面對國外的競爭優勢，避開自己在成本上的劣勢，強調高質量，從而獲得成功。

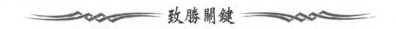

致勝關鍵

針對不同的競爭對手，要研究他的戰略，採取不同的競爭策略來應對。

錦囊 **23**

快速行動
——出手要快，在對方還來不及出手之前，迅速解決他

《美國大兵作戰手冊》第23條：

If the enemy is in range，SO ARE YOU!!!

如果敵人正在你的射程內，別忘了你也在他的射程內。

快速行動

在殘酷的戰場上，不到戰爭結束的那一刻，誰也不能判斷究竟誰會贏得戰爭的勝利。當你正得意敵人在你的射程裡，一槍就可以消滅他時，可能他也正瞄準你，因為你也在他的射程中。你的子彈能打到敵人，就意味著對方也能打到你。每一個在戰場上衝殺的士兵，實力都是相當的，你能做到的，往往敵方的士兵也做得到；你想到的，他們也會想得到。所以，我們會要求在戰場上作戰的士兵，隨時都得提防對手，不要把對手想得太愚笨。士兵在進攻時，不但要積極的消滅敵人，還得隨時提防來自不同方向的槍炮。也就是說，在進攻的同時，也要盡量掩護好自己，不讓對方發現自己的行跡。當瞄準敵人時，動作要快，手法要準，在對方還沒有反應過來時，讓敵人一槍斃命。

有一位農民，家裡有許多老鼠，一隻貓聽說了之後，就主動請纓要消滅老鼠。到了這戶人家，貓果然很敬業，見一隻抓一隻，而且毫不留情的把牠們消滅掉。老鼠因為不斷被殺，都躲進了鼠洞裡，貓再也抓不到牠們，於是貓就想出一條妙計來引老鼠出洞。

貓爬上一根木樁，吊在上面裝死。一會兒，一隻老鼠出來窺探消息，看到吊在木樁上裝死的貓就說：「呵，夥伴，哪怕你變成一只皮袋，我也絕不到你跟前去。」

寓言中這隻老鼠很聰明，識破了貓的詭計，而貓也低估了老鼠的智慧，以為憑自己的小聰明就可以騙到老鼠。

在商戰中，每個參與競爭的企業為了達到自己的盈利目標，都在不斷的分析和研究競爭對手。研究競爭對手的實力、市場的占有率、在市場上所占有的位置，以及發展策略、競爭模式等等，而不僅僅像過去一樣只是研究消費者，因為消費者是一個相對靜止的群體，幾乎所有的市場調查研究在某一個區域市場所得出的結論大體都一樣。所以，很多企業在競爭過程中，會投入更多精神在研究與自己有正面衝突的競爭對手。對競爭對手進行分析的目的，不僅僅是抵禦潛在的危險，還可以在競爭對手的弱點中，尋找和創造自己的機會。每一個競爭者都有弱點，都會在某一方面有不足的地方，可能是在生產上，可能在銷售或售後服務上，也有可能在價格或其他某一方面。

當然，你的競爭對手也不會傻傻的等著你來分析和研究，他同樣也在研究你，這是一個相互的關係。每個企業都在研究別的企業，當然別的企業也會把你當成研究的對象。不要把對方想像得很愚蠢，當你在尋找他的弱點，以便用更好的方法攻擊他時，他也正在苦苦尋覓你的弱點來打擊你。不要輕視你的競爭對手，當你正洋洋得意以為自己已對對方瞭如指掌時，也許你的對手也早已經對你

瞭如指掌,並開始對你採取相應的策略了。

　　所以,面對競爭對手,不但要對他有深入、細緻、全方位的瞭解,還要隨時保持清醒的頭腦,盡量不讓自己有把柄落在對方手裡。然後,當自己有新技術、新產品推向市場時,在對方還意想不到或尚未研究它時,迅速占領市場,讓對方沒有喘息的機會。

　　我的建議是:

1. 對企業自身的實力要有一個正確的、整體的認識,分析自己的強勢和弱勢,及時彌補競爭過程中出現的問題,不讓對手抓到自己的弱點。
2. 積極把握市場動態,明確掌握競爭對手,不需要把同行的所有企業都當作自己的競爭對手。有時你只需掌握幾個和自己實力相抗衡的企業,也就是與自己有利益衝突的企業。
3. 研究競爭對手,不但要分析他們的策略破綻和在市場上弱勢之處,還要全面了解對手,正確評價對方的實力和優勢。
4. 對競爭對手的行為、前景、攻防能力作出預測。
5. 作決策時要及時、快速,不要讓對方留下思考的機會。

案例：SONY忽視對手的教訓

　　大多數日本著名企業，都屬於某一實力雄厚的大財團，如三菱財團、住友財團、三井財團、富士財團等等。在大財團的支持下，企業逐步壯大，占據日本市場，進而打入國際市場。

　　但SONY公司這家僅有40多年歷史的企業，沒有依附任何財團，以500美元起家，靠自己的技術闖天下。

　　與松下、夏普、三菱等老牌企業相比，SONY公司的規模要小得多，實力也大為遜色。但是1960年代電子技術日新月異發展，沒有任何一種電子產品可以保證5年不汰換。所以，新企業與老企業在新產品開發上，始終站在同一起跑點上，老企業無法像三四十年代那樣吃老產品的老本，它們必須和新企業一起為搶占市場而拚命研製新產品。

　　就因為這一點，SONY公司的創始人盛田昭夫看到了追上知名企業的希望，在他的率領下，SONY公司成為日本甚至世界電子工業界所公認的技術先鋒。

　　1968年，SONY公司作了當時被稱為「日本電子工業界最大賭博」的冒險，幾乎傾盡所有資金來開發特麗霓虹電視機。特麗霓虹電視機的開發成功，使SONY公司一躍成為日本彩色電視產品

快速行動

最有影響力的企業之一。至今仍只有SONY公司能生產這種被譽為「華麗貴族」的特麗霓虹電視機，許多老牌企業正是從這項產品開始落後於SONY公司的。

在開發新產品、預測市場需求方面，盛田昭夫的確有非凡之處。但同時他也有一個很大的弱點，就是他沒有受過正規的營銷管理訓練，往往只憑個人的說服技巧和產品質量去開拓市場，而沒有把自己的創新擴大為同業間必須遵守的標準，Betamax家用錄影機的失敗就是一個教訓。

1971年，SONY公司成功研製了用於電視台等專業場合的3/4吋彩色錄影帶放影機。這個放影機與特麗霓虹電視機一起榮獲了日本國家電視藝術與科學協會頒發的卓越獎，這是日本電視技術界最高榮譽大獎。為了使放影機早日進入家庭，SONY公司在3/4吋彩色錄影帶放影機的基礎上，著手開發Betamax家用錄影機。而此時，日本國內外電子企業，如東芝公司、JVC公司、松下公司等也埋頭開發自己的家用錄影系統。

倚仗著3/4吋彩色錄影帶放影機的固有優勢，SONY公司在這場競爭中脫穎而出，率先推出了成熟且具有商業價值的Betamax家用錄影機，獨霸全球家用錄影機市場。面對這一輝煌的成就，盛田昭夫忙於擴大Betamax的生產規模，根本沒有把仍在苦苦追

趕的對手放在眼中。

悲劇就此發生了。SONY公司欲憑借領先一步的優勢，獨自控制家用錄影機市場，對其Betamax技術祕不外宣，企圖將對手摒棄於門外。這種做法激怒了同行對手，當JVC公司在一年後開發出VHS系統後，在家電領域具有舉足輕重地位的松下公司公開擁戴VHS系統為家用錄影標準，其他一些電子公司也紛紛表示接受VHS系統。

SONY公司這下子慌了手腳，因為VHS與Betamax是互不相容的，如果其他公司都採用了VHS，那麼Betamax必然被淘汰，因為顧客都希望自己的錄影機可以播放任何公司出版的錄影帶。

於是，盛田昭夫親自拜訪日本電器工業界領袖松下幸之助，請求他放棄支持VHS系統，轉而採用Betamax系統，但松下拒絕了盛田的要求。談判破裂後，SONY公司與松下公司展開空前慘烈的價格戰，雙方都以虧本的價格出售錄影機，只為把顧客吸引到自己這一邊來。終於，顧客選擇了已成為行業標準的VHS系統，曾經獨領風騷的SONY公司，在錄影機市場上被淘汰出局了。

經過Betamax系統失敗後，SONY公司不再像以前那樣無視旁人的向前猛衝了，它開始採取一些非技術手段來擴大市場。

在開發新興的光碟唱盤過程中，SONY公司放棄了以前單打獨

鬥的做法,與世界著名的音響產品製造商飛利浦公司合作,雙方共同研製音質好、噪聲低的雷射音響設備。這種做法並不是因為SONY公司技術力量不足,而是吸取了以前的教訓。飛利浦公司的客戶遍及世界,很容易使這種光碟成為世界最流行的產品,從而確立為產品標準。

　　SONY公司的這番苦心沒有白費,包括松下公司在內的諸多競爭對手都採用了SONY－飛利浦光碟模式為標準,於是SONY公司在雷射音響領域脫穎而出。

　　SONY公司的教訓在於只顧自己的產品開發,而忽視對手的力量。當競爭對手針對自己的產品研究出可相抗衡的產品時,才頓然醒悟,可是卻已錯過了時機,而以失敗告終。所以,以後SONY公司在進行產品開發時,就以此為教訓,從而又走上了業界的領先地位。

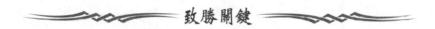

致勝關鍵

競爭對手之間總是諜對諜,所以出手要快,
在對方還來不及出手前,迅速解決對方。

錦囊 24

猴子也可以騷擾大象
——要看清競爭對手的眞實意圖

《美國大兵作戰手冊》第24條：

The enemy diversion you are ignoring is the main attack.

那支被你忽視的部隊，剛好就是敵人的攻擊主力。

為了獲得戰爭的勝利，敵對的雙方會用盡各種手段，強行攻打是一種手段，巧妙奪取也是一種手段。巧用計策，布置疑兵往往可以有助於取得戰爭的勝利，而且還可以避免士兵太大的傷亡，減少付出的代價。當敵我雙方實力相差懸殊時，要達到以少勝多或以弱勝強的目的，「用計」就更成為雙方的不二選擇。第二次世界大戰進入尾聲時，盟軍要在諾曼地登陸以開闢歐洲戰場。當時德軍在諾曼地布置重兵，為了減少登陸的傷亡代價，盟軍指揮部巧妙的策劃了一場騙局，讓德軍以為盟軍不會在諾曼地登陸，從而把部隊調到了錯誤的戰場。這次成功的登陸戰，使第三帝國的滅亡提前了好幾個月。所以，戰場上的士兵要注意，那支被你所忽視的部隊，可能剛好就是敵人的攻擊主力，千萬不要被假象所迷惑。

　　狼總是想弄到新鮮的羊肉吃，但牠知道牧羊人不會讓牠得逞。於是狼就老老實實的跟隨著羊群，一點壞事也不幹。牧羊人開始時一直把牠當作敵人一樣小心防範，提心吊膽，警覺性十足的看護著羊。但狼卻一聲不吭的羊群跟著走，絲毫沒有想搶羊的跡象。後來，牧羊人不再提防狼，反而認為牠是一頭老實可以依靠的「護羊狼」。

　　有一次，牧羊人因事要進城一趟，便把羊留下交給狼守護。於

是，狼趁此機會，咬死了大部分的羊。牧羊人回來，看見羊被咬死了很多，十分後悔，並生氣的說：「我真活該，我上了狼的當，我怎麼能把羊群託付給狼呢？」

牧羊人沒有看清狼的真面目，反而把牠當成是可以依靠的「牧羊狼」，簡直是太愚蠢了。而狼為了實現自己的目的，不惜在牧羊人身邊跟隨，裝出一副老實的假象，以騙取牧羊人的信任，最終吃到了新鮮的羊肉。

在競爭市場上，你的對手可能採取種種手段來迷惑你，如果你不能看透競爭對手的真實意圖，那麼你就可能遭遇失敗；如果你能採取種種措施麻痺你的競爭對手，使對方無法瞭解你的真實目標和進攻策略，你就可以掌控市場上的主動權，擊敗你的競爭對手。

亨德森（Bruce Henderson）於1963年設立了目前世界上首屈一指的「公司策略」服務機構——波士頓顧問公司（Boston Consulting Group），他提出了著名的「猴子－大象」法則，大意是：大象可以踩死猴子，但猴子也可以騷擾大象，使大象遭遇挫折，而且大象體積越大，猴子的勝算就越大。他的意思是小公司也可以擊敗大公司，只要策略得當。

我對公司管理者的建議是：

1.僅與競爭對手簡單的進行價格戰、廣告戰，並非明智之舉。

2.競爭需要巧妙的手段。

3.對於競爭對手的任何行動都要弄清楚，不要被他的表面行為所迷惑。

4.不要輕視小公司。

5.大公司也有自己的弱點。

案例：巧施妙計的哈勒爾公司

　　哈勒爾公司是美國清潔劑市場上的領導者，哈勒爾在1967年時憑借買斷的「配方409」(Formula 409)清潔液噴的批發權，占據全美清潔劑市場的5%，其中清潔噴液市場更占了50%。那一年的哈勒爾公司以及哈勒爾先生，過得異常舒服。但是，一個全國清潔市場上的龐然大物出現了，它要奪取哈勒爾公司的市場。

　　那年的某一天，家用產品之王——寶僑公司開始開拓清潔噴液市場，它推出一種名為「新奇」的清潔噴液，使得哈勒爾的生意遭遇到自公司成立以來最大的問題。顯然，它不是寶僑公司的競爭對手。

　　按照寶僑公司的習慣做法，它在創造、命名、包裝、試銷和促銷「新奇」這個清潔噴液產品時，要投入大量的預算資金，還要透過消費者問卷調查、個別和集體訪問作出心理和數字統計，當然也要耗費大量市場研究費用。

　　首先，寶僑的各種促銷活動紛紛登場。在丹佛市進行這項產品試銷時，寶僑鄭重其事，聲勢浩大，同時也在全美利用大筆資金投入的廣告攻勢。結果在丹佛的試銷小組報告：「新奇清潔噴液所向披靡，大獲全勝。」因此，寶僑公司在市場一片喜洋洋的

氣氛下，信心十足，虛榮心也得到全面滿足。

哈勒爾公司的員工們和哈勒爾都感到恐懼，因為他得到的訊息顯示他即將被踢出清潔噴液的市場，哈勒爾公司要垮掉了。

哈勒爾必須冷靜下來，仔細設置對抗的「陰謀」。

經過反覆考慮，哈勒爾決定採取三步「陰謀措施」：1.擾亂敵人的視線；2.打擊敵人主管人員的信心；3.限制敵人產品在市場上的銷售量，從而使敵人因為銷量不佳，難以彌補已投入的大量資金而放棄這個產品項目，撤出清潔噴液市場。

首先，當寶僑公司在丹佛市大規模試銷時，哈勒爾決定從丹佛撤出自己的「配方409」清潔噴液。當時撤出的方式有兩種：第一，把自己的產品全部從貨架上撤走，一瓶不留；第二，先停止自己在丹佛的廣告和促銷，然後停止供貨，漸漸使商店無貨可補。

在設計謀略上，設到第二層計謀會比只設第一層計謀勝算還高。以上兩種撤貨方式實際上分別是哈勒爾第一步「陰謀」的第一、第二兩層。哈勒爾選擇了第二層，因為如果選擇第一層，很容易讓寶僑公司的銷售人員發覺。因此他靜悄悄且迅速的完成了這個策略。哈勒爾成功了，因為「配方409」在市場上逐漸斷貨，於是人們紛紛轉向寶僑公司的產品。僅僅是試銷，效果就好

的讓寶僑公司覺得飄飄然，以為哈勒爾公司已經被他們擊敗了。
於是，哈勒爾開始實行第二步。在寶僑公司的「新奇」產品大舉
上市，正準備展開席捲全國的攻勢時，哈勒爾將「配方409」以
原來價格的50%開始傾銷，本來寶僑公司的主管人員認為哈勒爾
已被逐出市場了，此時卻感到措手不及，無計可施。

哈勒爾同時實施第三步，在各媒體上大肆廣告：「優惠期有
限！」結果，許多清潔噴液消費者幾乎都購買了可用半年以上的
「配方409」清潔噴液；也就是說，寶僑公司的「新奇」產品再
好，甚至即便也跟進降價，但消費者在半年內也用不著再買此類
商品了！

第三步是最關鍵的一步，如果這步措施不能奏效，前面的兩
步一點用都沒有。策略奏效，使哈勒爾先生暗自高興，消費者對
「配方409」很熟悉，看到久違的產品又上市了，而且價格如此
便宜，優惠期又有限，沒有理由不大量購買。

寶僑公司的產品剛上市就嚴重滯銷，在信心受到沉重打擊
後，又沒有對市場再做一次調查和分析的情況下，寶僑公司內
部高層人員開始認為「新奇」是項「錯誤的產品」，在議論紛紛
中，不得不撤銷「新奇」的生產銷售計劃，退出了美國清潔噴液
市場。

哈勒爾公司的「陰謀」得逞，重新控制了這個市場。

但哈勒爾贏得很險——許多小公司都這樣。哈勒爾這隻精明的猴子知道大公司的心理：他們有自信，能花費大量的開發及銷售費用，認為小公司都微不足道，不密切注意小公司的動靜。哈勒爾成功躲開寶僑公司這隻大象的腳步，然後迅速打擊大象的信心，把這塊市場上的草木全吃光，大象看到沒有食物，儘管長途跋涉而來，也只能痛苦的離開這裡！

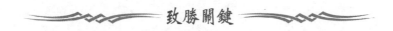

致勝關鍵

只要你能看透競爭對手的真實意圖，
就有機會以小搏大。

競爭並不總是壞事
——競爭對手的進攻有時會幫你的忙

《美國大兵作戰手冊》第25條：

Tracers work both ways.

曳光彈能幫你找到敵蹤，但也會讓敵人找到你。

競爭並不總是壞事

曳光彈是一種彈頭尾部裝有能發光的化學藥劑的炮彈或槍彈，發射後能發光，用以顯示彈道和指示目標。在戰場上，敵對的雙方為發現對方的行蹤和防止相互間的偷襲，經常利用曳光彈來照明和指引目標。剛上戰場的新兵也許很少考慮到，曳光彈可以幫你找到敵人的蹤跡，但也會讓敵人找到你。當你發射曳光彈後，敵人可以很輕鬆的從光的軌跡推斷出發射人的基本方位。久經沙場的老兵不僅在發射後的瞬間轉移到別的散兵坑，而且總是能透過敵方發射的曳光彈得知敵人的方位信息。因此，曳光彈對敵我雙方是相互作用的。

　　狐狸和鶴是朋友。有一天，狐狸盛情邀請鶴到牠家裡吃晚飯，但是牠並沒有真心真意準備飯菜來款待客人，只用土豆燉了一點湯，而且把土豆燉得稀爛，並把湯倒在一個很平很平的盤子中。在餐桌上，狐狸不停的請鶴不要客氣，盡量吃。但因為盤子很淺，鶴只能用自己的嘴尖喝湯，每喝一口，湯便從牠的長喙中流出來，怎麼也吃不到。鶴十分生氣，餓著肚子離開狐狸的家，但狐狸卻十分開心，認為自己聰明的愚弄了鶴。

　　幾天之後，鶴也熱情的回請狐狸到牠家吃晚飯，狐狸去吃飯的前一天故意什麼東西都沒吃，牠想到鶴的家裡大吃一頓。「就算是

湯，我也要喝飽。」狐狸得意的自言自語。

但狐狸沒有想到，鶴在牠的面前擺了一只長頸小口的瓶子，「請隨便吃，就當在自己家裡一樣。」鶴用略帶譏諷的口氣對狐狸說。只見鶴很輕易的將長喙伸進去，從容的吃到瓶裡的食物，狐狸卻只能眼睜睜看著瓶子裡豐盛的食物，一口也嘗不到，最後餓著肚子離開鶴的家，從此再也不好意思去見鶴了。

狐狸覺得自己的方法很聰明，既請了鶴吃飯又什麼都沒讓鶴吃到，可是鶴很快學會了狐狸的方法，並隨即用更勝一籌的手段對狐狸進行成功的反擊。狐狸什麼都沒吃到，反而讓鶴明白因為牠的吝嗇，失去了鶴這個好朋友；而鶴只是與一個不值得交往的朋友斷絕關係，對牠並無多大害處。

企業的經營者能從這個寓言裡領悟些什麼呢？所有正常的企業管理者（只要他是個現實主義者）都知道，競爭是不可避免的。英國前首相邱吉爾曾經說過：「國家間沒有永遠的友誼，只有永遠的利益。」這句話對市場上的企業來說也同樣適用。企業間有相同的利益關係時，他們可以結成同盟，一旦利益發生衝突，只有透過競爭來解決問題。可是你有沒有意識到競爭對手對你所採取的進攻性策略也許正幫了你的忙。

競爭並不總是壞事

正如因為有了百事可樂這個強勁的競爭對手，可口可樂才始終不敢掉以輕心、兢兢業業，持續維持碳酸飲料業的霸主地位。百事可樂的一位高層人士曾直言不諱的說：「如果百事可樂不是選了可口可樂作為自己的競爭對手，就不可能取得今天的斐然成就。」

你的競爭對手至少對你有以下幾項好處：

1. 競爭對手使你一直都保持著清醒狀態。

2. 競爭對手使你不斷提高生產技術，降低生產成本，改善經營管理策略，想辦法提高顧客的滿意度，而使你的競爭能力持續提高。

3. 競爭對手和你共同開發著市場。

4. 不管你同不同意，競爭對手使你的事業充滿了挑戰性。

案例：被競爭逼出來的英特爾公司

　　1976年，英特爾公司在電腦高階語言8080微處理器的基礎上成功開發出8748晶片，是世界上第一台可程序化的微電腦控制器。現在我們到處都看到「微電腦控制」的字樣，從汽車引擎、抽水機、冷氣機到錄影機，都強調微電腦功能，就是因為加了這種控制器。英特爾微處理器的業績蒸蒸日上，競爭壓力也越來越大。首先是國民半導體公司從英特爾的以色列設計中心，挖走了一位資深設計師，而且也在以色列成立設計中心，開始生產先進的微處理器。而當時最大的半導體公司——德州儀器公司則對產量很大的微電腦控制器情有獨鍾。快捷半導體公司也改變策略要加入微處理器業務。至於英特爾的老對手——摩托羅拉公司，則是微處理器與控制器二者並重開發，他們和通用汽車公司發展業務後，來勢更為兇猛。

　　然而，最令英特爾公司震驚的是公司微處理器設計的領軍人物費根的背叛。費根是當時微處理器領域的舵手，當他宣布率和安則曼與西瑪（英特爾公司另外兩位資深設計師）另創新公司時，這消息就像晴天霹靂，震驚了英特爾公司的所有員工。費根在英特爾公司主掌的是最有潛力的事業，為什麼還要另闢天地？

原來他無法抗拒來自艾克森企業的誘惑。艾克森企業是由石油鉅子艾克森公司新成立的創業投資公司，艾克森企業希望物色適當人選，以創辦一家微電腦方面的新公司。

費根投效艾克森集團後，很快將新公司命名為「Zilog」，並對外宣布新公司的目標：開辦成一家可以賣所有跟微處理器相關產品的公司，從晶片到電路板再到電腦系統。由於有財團撐腰，費根大肆招兵買馬，很快就找到一群研究人員，馬上推出比8080功能更強的Z80。Z80可以應用市場現有的8080軟體，而無須費心從頭經營市場。這無疑是對英特爾的致命一擊，英特爾等於將大好河山拱手讓給自己一手培植的競爭對手。Zilog公司很快在微處理器市場上展露頭角，加上傳播媒體爭相渲染新公司的傳奇故事，一時間人人傳誦Zilog的成功故事。相形之下，英特爾被視為強弩之末，聲勢慢慢走下坡。但英特爾就是英特爾，它決定還擊！

英特爾高層經過緊急磋商後，立即提拔幾位資歷較淺的開發經理，讓他們接手開發微處理器業務。開發小組臨危受命，但沒有辜負英特爾高層的厚望，很快就完成了第一項任務——8085的設計。這是一張難度很高的晶片，集合許多功能，用在電路板上搭配8080，成為具高度功能的微處理器，英特爾公司迅速將其推

出，與Z80在市場上短兵相接。雖然Z80在初期為英特爾公司帶來很強的殺傷力，但從長遠的眼光來看，競爭反而為英特爾帶來更多的收益。因為英特爾公司和Zilog公司的產品適合使用同樣的軟體，購買微處理器的客戶只要考慮選英特爾或Zilog，不必再費神去選擇其他品牌。同時有兩家供應微處理器的公司，對客戶也更有保障。同樣，設計軟體的人也樂意為兩家公司的微處理器編寫軟體，因為投資一次的開發資源，卻可回收兩倍的效益，這是所有生意人都不會錯過的選擇。由於Z80和英特爾公司的8085性能相當，二者很快就在市場上走紅，1970年代末期第一批微電腦上市時，二者幾乎是平分天下，競爭反而加速它們成為市場標準，可見競爭既是挑戰，又是機遇。經過這番較量，除了摩托羅拉在8位元微處理器市場還占有一席之地外，其他如國民半導體公司、快捷半導體公司與德州儀器公司，都淪為二流角色。

表面看來，這場競爭可以暫告一段落，但實際上卻醞釀了一場更大的競爭。高科技產品的競爭往往都是這樣，正確把握高科技的發展方向並領先開發出新產品成為市場標準。事實上，競爭對手都很清楚，在8位元持平後，誰搶先開發出16位元成為市場標準，將最終獲勝。各公司都馬不停蹄的圍繞目標而奮戰，Zilog推出Z8000，摩托羅拉推出6800，都強調是最新一代的16位

元結構。1978年英特爾公司正式推出16位元的8086微處理器,次年又推出成本更低的8088版本。為了贏得競爭的勝利,英特爾公司還制定微處理器的發展里程碑,告訴客戶現在和未來英特爾要開發的產品,雖然英特爾讓未來的產品曝了光,但這一前瞻性目標卻建立起客戶的長期信心。同時,也使眾多的軟體公司為其提供操作軟體。

1982年,英特爾公司營業額達到9億美元。至此,Zilog公司的Z8000全新處理器架構因缺乏足夠的軟體支持而徹底敗北,摩托羅拉的6800也輸給英特爾的8086,英特爾公司終於登上微處理器領域龍頭老大的地位。

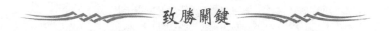

致勝關鍵

競爭不總是壞事,競爭對手的進攻有
時會幫你的忙。

管理的鋼盔
商戰存活與突圍的25個必勝錦囊

作　　者	麥克阿瑟・茂赫（Macarther Maucher）
譯　　者	馬遷利

發 行 人	林敬彬
主　　編	楊安瑜
責任編輯	鄭文白、林子尹
美術編輯	翔美設計
封面設計	翔美設計
封面攝影	王正毅

出　　版	大都會文化事業有限公司　行政院新聞局北市業字第89號
發　　行	大都會文化事業有限公司
	110臺北市信義區基隆路一段432號4樓之9
	讀者服務專線：（02）27235216
	讀者服務傳真：（02）27235220
	電子郵件信箱：metro@ms21.hinet.net
	公司網址：www.metrobook.com.tw

郵政劃撥	14050529　大都會文化事業有限公司
出版日期	2005年2月初版一刷
定　　價	200元
Ｉ Ｓ Ｂ Ｎ	986-7651-31-6
書　　號	Success-004

© 2003 Macarther Maucher

Chinese (complex) translation copyright ©2004 by Metropolitan Culture Enterprise Co., Ltd.

Published by arrangement with Hot-Rightson Management & Consulting Co., Ltd.

國家圖書館出版品預行編目資料

管理的鋼盔 ： 商戰存活與突圍的25個必勝錦囊
　　／ 麥克阿瑟.茂赫(Macarther Maucher)著 ；
　　馬遷利譯. -- 初版. -- 臺北市 ：
　　大都會文化, 2004[民93]
　　面 ；　公分
　　ISBN 986-7651-31-6(平裝)
　　1. 企業管理　　　2. 職場成功法
　　494　　　　93021736

大都會文化　總書目

■度小月系列

路邊攤賺大錢【搶錢篇】	280元	路邊攤賺大錢2【奇蹟篇】	280元
路邊攤賺大錢3【致富篇】	280元	路邊攤賺大錢4【飾品配件篇】	280元
路邊攤賺大錢5【清涼美食篇】	280元	路邊攤賺大錢6【異國美食篇】	280元
路邊攤賺大錢7【元氣早餐篇】	280元	路邊攤賺大錢8【養生進補篇】	280元
路邊攤賺大錢9【加盟篇】	280元	路邊攤賺大錢10【中部搶錢篇】	280元
路邊攤賺大錢11【賺翻篇】	280元		

■DIY系列

路邊攤美食DIY	220元	嚴選台灣小吃DIY	220元
路邊攤超人氣小吃DIY	220元	路邊攤紅不讓美食DIY	220元
路邊攤流行冰品DIY	220元		

■流行瘋系列

跟著偶像FUN韓假	260元	女人百分百：男人心中的最愛	180元
哈利波特魔法學院	160元	韓式愛美大作戰	240元
下一個偶像就是你	180元	芙蓉美人泡澡術	220元

■生活大師系列

遠離過敏：打造健康的居家環境	280元	這樣泡澡最健康：紓壓、排毒、瘦身三部曲	220元
兩岸用語快譯通	220元	台灣珍奇廟：發財開運祈福路	280元
魅力野溪溫泉大發見	260元	寵愛你的肌膚：從手工香皂開始	260元
舞動燭光：手工蠟燭的綺麗世界	280元		

■寵物當家系列

Smart養狗寶典	380元	Smart養貓寶典	380元
貓咪玩具魔法DIY：讓牠快樂起舞的55種方法	220元	愛犬造型魔法書：讓你的寶貝漂亮一下	260元
漂亮寶貝在你家：寵物流行精品DIY	220元		

■人物誌系列

現代灰姑娘	199元	黛安娜傳	360元
船上的365天	360元	優雅與狂野：威廉王子	260元
走出城堡的王子	160元	殤逝的英格蘭玫瑰	260元
貝克漢與維多利亞：新皇族的真實人生	280元	幸運的孩子：布希王朝的真實故事	250元
瑪丹娜：流行天后的真實畫像	280元	紅塵歲月：三毛的生命戀歌	250元
風華再現：金庸傳	260元	俠骨柔情：古龍的今生今世	250元
她從海上來：張愛玲情愛傳奇	250元	從間諜到總統：普丁傳奇	250元

■心靈特區系列

每一片刻都是重生	220元	給大腦洗個澡	220元
成功方與圓：改變一生的處世智慧	220元		

■SUCCESS系列

七大狂銷戰略	220元	打造一整年的好業績	200元
超級記憶術：改變一生的學習方式	199元	管理的鋼盔：商戰存活與突圍的25個必勝錦囊	200元

■都會健康館系列

秋養生：二十四節氣養生經	220元	春養生：二十四節氣養生經	220元

■CHOICE系列

入侵鹿耳門	280元	蒲公英與我：聽我說說畫	220元

■禮物書系列

印象花園 梵谷	160元	印象花園 莫内	160元
印象花園 高更	160元	印象花園 竇加	160元
印象花園 雷諾瓦	160元	印象花園 大衛	160元
印象花園 畢卡索	160元	印象花園 達文西	160元
印象花園 米開朗基羅	160元	印象花園 拉斐爾	160元
印象花園 林布蘭特	160元	印象花園 米勒	160元
絮語說相思 情有獨鍾	200元		

■工商管理系列

二十一世紀新工作浪潮	200元	化危機為轉機	200元
美術工作者設計生涯轉轉彎	200元	攝影工作者快門生涯轉轉彎	200元
企劃工作者動腦生涯轉轉彎	220元	電腦工作者滑鼠生涯轉轉彎	200元
打開視窗說亮話	200元	挑戰極限	320元
30分鐘行動管理百科（九本盒裝套書）	799元	文字工作者撰錢生涯轉轉彎	220元
30分鐘教你自我腦內革命	110元	30分鐘教你樹立優質形象	110元
30分鐘教你錢多事少離家近	110元	30分鐘教你創造自我價值	110元

30分鐘教你Smart解決難題	110元	30分鐘教你如何激勵部屬	110元
30分鐘教你掌握優勢談判	110元	30分鐘教你如何快速致富	110元
30分鐘教你提昇溝通技巧	110元		

■精緻生活系列

女人窺心事	120元	另類費洛蒙	180元
花落	180元		

■CITY MALL系列

別懷疑！我就是馬克大夫	200元	愛情詭話	170元
唉呀！真尷尬	200元		

■親子教養系列

孩童完全自救寶盒（五書+五卡+四卷錄影帶）3,490元（特價2,490元）

孩童完全自救手冊這時候你該怎麼辦（合訂本）299元

■新觀念美語

NEC新觀念美語教室12,450元（八本書+48卷卡帶）

您可以採用下列簡便的訂購方式：
◎請向全國鄰近之各大書局或上博客來網路書店選購。
◎劃撥訂購：請直接至郵局劃撥付款。
　帳號：14050529
　戶名：大都會文化事業有限公司
（請於劃撥單背面通訊欄註明欲購書名及數量）

大都會文化 讀者服務卡

書名：管理的鋼盔──商戰存活與突圍的25個必勝錦囊

謝謝您選擇了這本書！期待您的支持與建議，讓我們能有更多聯繫與互動的機會。
日後您將可不定期收到本公司的新書資訊及特惠活動訊息。

A. 您在何時購得本書：_____年_____月_____日

B. 您在何處購得本書：_____書店，位於_____(市、縣)

C. 您從哪裡得知本書的消息：1.□書店 2.□報章雜誌 3.□電台活動 4.□網路資訊
　　5.□書籤宣傳品等 6.□親友介紹 7.□書評 8.□其他_____

D. 您購買本書的動機：（可複選）1.□對主題或內容感興趣 2.□工作需要 3.□生活需要
　　4.□自我進修 5.□內容為流行熱門話題 6.□其他_____

E. 您最喜歡本書的（可複選）：1.□內容題材 2.□字體大小 3.□翻譯文筆 4.□ 封面
　　5.□編排方式 6.□其他

F. 您認為本書的封面：1.□非常出色 2.□普通 3.□毫不起眼 4.□其他_____

G. 您認為本書的編排：1.□非常出色 2.□普通 3.□毫不起眼 4.□其他_____

H. 您通常以哪些方式購書：(可複選)1.□逛書店 2.□書展 3.□劃撥郵購 4.□團體訂購
　　5.□網路購書 6.□其他_____

I. 您希望我們出版哪類書籍：（可複選）
　　1.□旅遊　2.□流行文化　3.□生活休閒　4.□美容保養　5.□散文小品
　　6.□科學新知　7.□藝術音樂　8.□致富理財　9.□工商企管　10.□科幻推理
　　11.□史哲類　12.□勵志傳記　13.□電影小說　14.□語言學習（　　語）
　　15.□幽默諧趣 16.□其他_____

J. 您對本書(系)的建議：_____
_____

K. 您對本出版社的建議：_____
_____

讀者小檔案

姓名：_____　性別：□男 □女　生日：_____年_____月_____日

年齡：□20歲以下 □21～30歲 □31～40歲 □41～50歲 □51歲以上

職業：1.□學生 2.□軍公教 3.□大眾傳播 4.□ 服務業 5.□金融業 6.□製造業
　　　7.□資訊業 8.□自由業 9.□家管 10.□退休 11.□其他_____

學歷：□ 國小或以下 □ 國中 □ 高中／高職 □ 大學／大專 □ 研究所以上

通訊地址_____

電話：（H）_____　（O）_____　傳真：_____

行動電話：_____　E-Mail：_____

如果您願意收到本公司最新圖書資訊或電子報，請留下您的E-Mail地址。

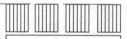

大都會文化事業有限公司
讀者服務部收

110 台北市基隆路一段432號4樓之9

寄回這張服務卡(免貼郵票)
您可以:
◎不定期收到最新出版訊息
◎參加各項回饋優惠活動

大都會文化
METROPOLITAN CULTURE

大都會文化
METROPOLITAN CULTURE